"十二五"普通高等教育本科规划教材

现代材料测试技术实验

陶文宏　杨中喜　师瑞霞　主编

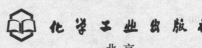

化学工业出版社
·北京·

本书包含了X射线衍射分析、电子显微分析、光学显微分析、专业岩相分析、热分析、红外光谱分析及X射线成分分析七类实验内容，共计22个实验。书中较为详细地介绍了利用各种测试仪器进行材料测试分析的实验方法，包括仪器的操作使用、调节方法步骤、实验数据处理方法、复杂图谱的解析程序、图像或图片上各种矿物的识别、实验操作时的注意事项及操作观察技巧等。

本书主要适用于材料科学与工程、材料物理与化学、复合材料与工程等专业本科生及研究生的学习使用，也可作为与材料类相关专业的参考教材，及厂矿企业工程技术人员的参考书籍。

图书在版编目（CIP）数据

现代材料测试技术实验/陶文宏，杨中喜，师瑞霞主编. —北京：化学工业出版社，2014.9（2025.2重印）
“十二五”普通高等教育本科规划教材
ISBN 978-7-122-21368-6

Ⅰ.①现… Ⅱ.①陶…②杨…③师… Ⅲ.①工程材料-测试技术-实验-高等学校-教材 Ⅳ.①TB3-33

中国版本图书馆CIP数据核字（2014）第161150号

责任编辑：杨 菁　　文字编辑：刘莉珺
责任校对：宋 夏　　装帧设计：张 辉

出版发行：化学工业出版社（北京市东城区青年湖南街13号 邮政编码100011）
印 装：北京天宇星印刷厂
787mm×1092mm 1/16 印张 7¾ 字数188千字 2025年2月北京第1版第10次印刷

购书咨询：010-64518888（传真：010-64519686） 售后服务：010-64518899
网 址：http：//www.cip.com.cn
凡购买本书，如有缺损质量问题，本社销售中心负责调换。

定 价：28.00元

前　言

现代材料测试技术课程是材料科学与工程类专业必修的专业技术基础课，主要讲授各种物相分析的基本原理和方法。该课程区别于其他课程的一个重要特点就是具有很强的实践性，要达到本课程的教学目的，需开设1/3以上课时的实验课，以使学生能真正地掌握物相分析的实验方法、数据处理、图谱解析的方法和步骤。《现代材料测试技术实验》就是为达上述目的，紧密配合《现代材料测试技术》教材课程而编写的一本配套的实验指导书，适用于材料科学与工程、复合材料及材料物理类专业的本专科学生使用，也可供从事物相分析与测试的人员及相关专业的教师及研究人员参考。

本书包含了X射线衍射分析、电子显微分析、光学显微分析、专业岩相分析、热分析、红外光谱分析及X射线成分分析七类实验内容，共计22个实验。书中较为详细地介绍了利用各种测试仪器进行材料测试分析的实验方法，包括仪器的操作使用、调节方法步骤、实验数据处理方法、复杂图谱的解析程序、图像或图片上各种矿物的识别、实验操作时的注意事项及操作观察技巧等。

本书由陶文宏、杨中喜、师瑞霞主编，第一章由杨中喜编写；第二章实验1、2由王英姿编写，实验3、4由师瑞霞编写；第三章及附录由陶文宏编写；第四章由陈亚明编写；第五章由屈雅编写；第六章由朱元娜编写；第七章由吴海涛编写。由于编者水平有限，书中疏漏和不当之处在所难免，恳请读者在使用过程中给予指正，并提出宝贵意见。

编者

2014年5月

目　录

实验要求

一、实验前必须按指定要求预习实验内容，复习课程相关内容。

二、实验课应精神集中，严格按操作规程进行，注意教材中提到的实验注意事项，避免事故发生。一旦有故障或损失，应及时报告指导教师，严禁擅自处理。

三、认真观察、测定和记录各种实验现象，并仔细加以分析思考。如有不明白的问题，及时与指导老师沟通。

四、遵守实验室规章制度，不要随意进入与实验无关的房间，不要摆弄与实验无关的器材，服从教师指导。

五、实验完毕后，应将仪器恢复原状，搞好清洁卫生，关好门、窗、水、电，方可离开实验室。

六、及时整理实验现象，处理、分析实验数据，认真完成实验报告。

第一章 X射线衍射分析

实验1 X射线衍射仪的结构及操作

一、实验目的

1. 了解X射线衍射仪的结构与原理。
2. 掌握X射线衍射样品的制备方法。
3. 熟悉实验参数的选择和仪器操作，并通过实验得到一个XRD图谱。

二、实验原理

（一）衍射仪的结构及原理

（1）衍射仪是进行X射线衍射分析的重要设备，主要由X射线发生器、测角仪、记录仪和水冷却系统组成。新型的衍射仪还带有条件输入和数据处理系统。图1-1给出了X射线衍射仪结构示意图。

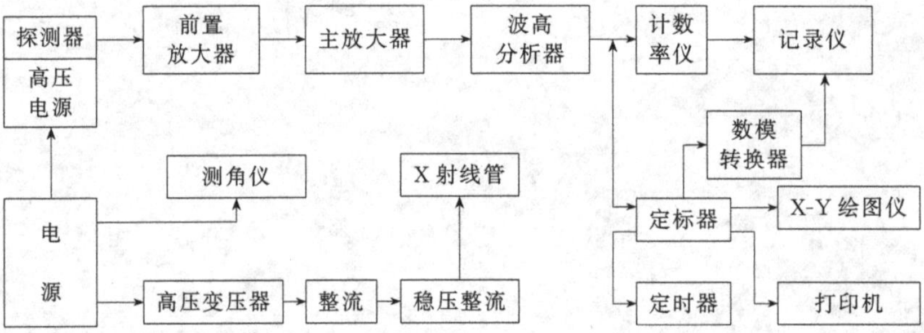

图1-1 X射线衍射仪结构示意

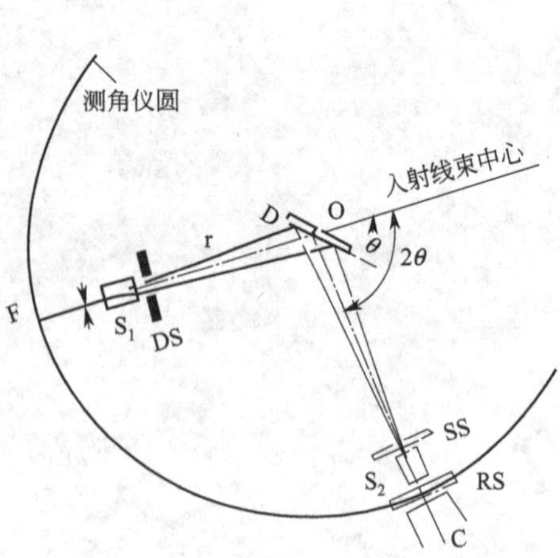

图1-2 测角仪的结构

（2）X射线发生器主要由高压控制系统和X射线管组成，它是产生X射线的装置，由X射线管发射出的X射线包括连续X射线光谱和特征X射线光谱，连续X射线光谱主要用于判断晶体的对称性和进行晶体定向的劳埃法，特征X射线用于进行晶体结构研究的旋转单体法和进行物相鉴定的粉末法。测角仪是衍射仪的重要部分，其光路图如图1-2所示。X射线源焦点与计数管窗口分别位于测角仪圆周上，样品位于测角仪圆的正中心。在入射光路上有固定式索拉狭缝和可调式发射狭缝，在反射光路上也有固定式索拉狭缝和可调式防散射狭缝与接收狭缝。有的衍射仪还在计数管前装有单色器。当给X射线管加以高压，产生的X射线经由发射狭缝射到样品上时，晶体中与样品表面平行的面网，在符合布拉格条件时即可产生衍射而被计数管接收。

当射线管和计数管在测角仪圆所在平面内扫描时，在某些角位置能满足布拉格条件的面网所产生的衍射线将被计数管依次记录并转换成电脉冲信号，经放大处理后通过记录仪描绘成衍射图。

（二）衍射实验方法

X 射线衍射实验方法包括样品制备、实验参数选择和样品测试。

1. 样品制备

在衍射仪法中，样品制作上的差异对衍射结果会产生很大的影响。因此，制备符合要求的样品，是衍射仪实验技术中的重要一环，通常制成平板状样品。衍射仪均附有表面平整光滑的玻璃或铝质的样品板，板上开有窗孔或不穿透的凹槽，样品放入其中进行测定。

（1）粉晶样品的制备

① 将被测试样在玛瑙研钵中研成 5μm 左右的细粉；

② 将适量研磨好的细粉填入凹槽，并用平整光滑的玻璃板将其压紧；

③ 将槽外或高出样品板面的多余粉末刮去，重新将样品压平，使样品表面与样品板面一样平齐光滑。

（2）特殊样品的制备　对于金属、陶瓷、玻璃等一些不易研成粉末的样品，可先将其锯成窗孔大小，磨平一面，再用橡皮泥或石蜡将其固定在窗孔内。对于片状、纤维状或薄膜样品也可取窗孔大小直接嵌固在窗孔内。但固定在窗孔内的样品其平整表面必须与样品板平齐，并对着入射 X 射线。

2. 测量方式和实验参数选择

（1）测量方式　衍射测量方式有连续扫描法和步进扫描法。

连续扫描法是由脉冲平均电路混合成电流起伏，而后用绘图记录仪描绘成相对强度随 2θ 变化的分布曲线。

步进扫描法是由定标器定时或定数测量，并由数据处理系统显示或打印，或由绘图仪描绘成强度随 2θ 变化的分布曲线。

不论是哪一种测量方式，快速扫描的情况下都能相当迅速地给出全部衍射花样，它适合于物质的预检，特别适用于对物质进行鉴定或定性估计。对衍射花样局部做非常慢的扫描，适合于精细区分衍射花样的细节和进行定量的测量。例如，混合物相的定量分析，精确的晶面间距测定，晶粒尺寸和点阵畸变的研究等。

（2）实验参数选择

① 狭缝：狭缝的大小对衍射强度和分辨率都有影响。大狭缝可得到较大的衍射强度，但降低分辨率；小狭缝提高分辨率但损失强度，一般如需要提高强度时宜选取大些狭缝，需要高分辨率时宜选小些狭缝，尤其是接收狭缝对分辨率影响更大。每台衍射仪都配有各种狭缝以供选用。

② 时间常数和预置时间：连续扫描测量中采用时间常数，客观存在是指计数率仪中脉冲平均电路对脉冲响应的快慢程度。时间常数大，脉冲响应慢，对脉冲电流具有较大的平整作用，不易辨出电流随时间变化的细节，因而，强度线形相对光滑，峰形变宽，高度下降，峰形移向扫描方向；时间常数过大，还会引起线形不对称，使一条线形的后半部分拉宽。反之，时间常数小，能如实绘出计数脉冲到达速率的统计变化，易于分辨出电流时间变化的细节，使弱峰易于分辨，衍射线形和衍射强度更加真实。计数率仪均配有多种可供选择的时间常数。

步进扫描中采用预置时间来表示定标器一步之内的计数时间，起着与时间常数类似的作用，也有多种可供选择的方式。

(3) 扫描速度和步宽　连续扫描中采用的扫描速度是指计数器转动的角速度。慢速扫描可使计数器在某衍射角度范围内停留的时间更长，接收的脉冲数目更多，使衍射数据更加可靠。但需要花费较长的时间，对于精细的测量应采用慢扫描，物相的预检或常规定性分析可采用快扫描，在实际应用中可根据测量需要选用不同的扫描速度。

步进扫描中用步宽来表示计数管每步扫描的角度，有多种方式表示扫描速度。

(三) 样品测量

1. 开机

(1) 打开总电源和衍射仪稳压电源。

(2) 启动冷却水循环机。

(3) 启动计算机。

(4) 启动主机测角仪部分：按下主机右侧电源开关。

(5) 启动高压部分。

2. 实验

(1) 打开 XRD Commander Measurement 快捷方式，启动扫描程序 D8 Adjust. exe。

(2) 进入程序界面后，打开菜单 Diffractometer \ Init All Drivers 进行衍射驱动轴参数的初始化。

(3) 设置扫描参数

① 工作电压与电流：一般设为 40kV，40mA。

② 扫描范围：根据样品类型选择合适的扫描范围。

③ 扫描步长 Increment：自选。

④ 扫描速度 Scanspeed：自选。

⑤ 扫描类型 Scantype：Continue（连续扫描）与 Stepscan（步进扫描）自选。

(4) 点击 Start 按钮，开始采集数据，屏幕上实时显示 XRD 图谱；扫描过程中点击 Stop 按钮，结束扫描。

(5) 选择菜单 File \ Save as…将原始数据存盘（*.raw 格式）。

3. 关机

(四) 注意事项

1. 制样中应注意的问题

(1) 样品粉末的粗细：样品的粗细对衍射峰的强度有很大的影响。要使样品晶粒的平均粒径在 5μm 左右，以保证有足够的晶粒参与衍射。并避免晶粒粗大、晶体的结晶完整、亚结构大或镶嵌块相互平行，使其反射能力降低，造成衰减作用，从而影响衍射强度。

(2) 样品的择优取向：具有片状或柱状完全解理的样品物质，其粉末一般都呈细片状，在制作样品过程中易于形成择优取向，形成定向排列，从而引起各衍射峰之间的相对强度发生明显变化，有的甚至是成倍地变化。对于此类物质，要想完全避免样品中粉末的择优取向，往往是难以做到的。不过，对粉末进行长时间（例如达 0.5h）的研磨，使之尽量细碎；制样时尽量轻压；必要时还可在样品粉末中掺和等体积的细粒硅胶；这些措施都能有助于减少择优取向。

2. 实验参数的选择

根据研究工作的需要选用不同的测量方式和选择不同的实验参数，记录的衍射图谱不同，因此在衍射图谱上必须标明主要的实验参数条件。

三、仪器设备

德国布鲁克 D8 ADVANCE 粉末衍射仪一台。

玛瑙研钵一个。

化学药品或实际样品若干。

四、实验内容

每组制备一个实验样品，选择适当的实验参数获得 XRD 图谱一张。

五、思考题

1. X 射线衍射仪由哪几部分构成？
2. 用 X 射线衍射仪进行测试，对样品有哪些要求？

实验 2　X 射线衍射定性相分析

一、实验目的

1. 熟悉 JCPDS 卡片及其检索方法。
2. 根据衍射图谱或数据，学会单物相鉴定方法。
3. 根据衍射图谱或数据，学会混合物相定性鉴定方法。

二、实验原理

（一）定性分析的原理

由于粉晶法在不同的实验条件下总能得到一系列基本不变的衍射数据，因此借以进行物相分析的衍射数据都取自粉晶法，其方法就是将所得到的衍射数据（或图谱）与标准物质的衍射数据或图谱进行比较，如果两者能够吻合，这就表明样品与该标准物质是同一物相，从而便可作出鉴定。

1938 年，哈那瓦特（Hanawalt）等就开始收集和摄取各种已知衍射花样，将其衍射数据进行科学的整理和分类。1942 年，美国材料试验协会（ASTM）整理出版了卡片 1300 张，称之为 ASTM 卡片。从 1969 年起，由美国材料试验协会和英国、法国、加拿大等国家的有关单位共同组成了名为“粉末衍射标准联合委员会”（Joint Committee Powder Diffraction Standard，JCPDS）国际机构，专门负责收集、校订各种物质的衍射数据，将它们进行统一的分类和编号，编制成卡片出版，这种卡片组被命名为粉末衍射卡组（PDF）。

到 2000 年国际粉末衍射标准联合委员会（JCPDS）已出版近九万张粉末衍射卡片（PDF），并以每年约 2000 张的速度递增。现将 JCPDS 粉末衍射卡片（PDF）内容予以介绍（见表 1-1）。

表 1-1　JCPDS 粉末衍射卡片（PDF）的形式和内容

<table>
<tr><td>10</td><td colspan="9"></td><td>11</td></tr>
<tr><td>D</td><td>1a</td><td>1b</td><td>1c</td><td>1d</td><td colspan="3">7</td><td colspan="3">8</td></tr>
<tr><td>I/I_0</td><td>2a</td><td>2b</td><td>2c</td><td>2d</td><td>d</td><td>I/I_0</td><td>hkl</td><td>d</td><td>I/I_0</td><td>hkl</td></tr>
<tr><td colspan="5">3</td><td rowspan="4">9</td><td rowspan="4">9</td><td rowspan="4">9</td><td rowspan="4">9</td><td rowspan="4">9</td><td rowspan="4">9</td></tr>
<tr><td colspan="5">4</td></tr>
<tr><td colspan="5">5</td></tr>
<tr><td colspan="5">6</td></tr>
</table>

第一部分：1a、1b、1c 为三根最强衍射线的晶面间距，1d 为本实验收集到的最大 d 值。

第二部分：2a、2b、2c、2d 为上述四根衍射线条的相对强度，并把最强峰定为 100（也有把最强峰定为 999 的）。

第三部分：衍射的实验条件数据。

第四部分：物相的晶体学数据。

第五部分：物性数据和光学、热学性质。

第六部分：化学分析、试样来源和简单化学性质。

第七部分：物相的名称和分子式，在分子式之后常有数字及大写英文字母。数字表示晶胞中的原子数，而英文字母则表示布拉菲点阵类型。

第八部分：矿物学名称和有机物结构式。

第九部分：所收集到的全部衍射的 d、I/I_0 和 hkl 值。有时还能见到如下字母，其所代表的意义如下。

b：宽化，模糊或漫散线；

d：双线；

n：并非所有资料都有的线；

nc：不是该晶胞的线；

ni：对给出的晶胞不能指标化的线；

β：因 β 线存在或重叠而使强度不可靠的线；

fr：痕迹线；

+：可能是另一指数。

第十部分：PDF 卡片序号。

第十一部分：从 23 集起，卡片改为双面印刷，本栏所列数字指示反面卡片的号码，另外还有 PDF 卡片质量评定记号。

★：表示本卡片数据非常可靠；

i：表示本卡片数据比较可靠；

无：表示可靠性一般；

o：表示可靠性较差；

c：表示其数据是计算值。

（注：在光盘里如卡号后有 Deleted 出现表示该卡片已删除，另有新的卡片替代它。）

（二）PDF 卡片检索手册

目前通用的 PDF 粉末衍射卡片检索手册有哈那瓦特索引、芬克索引和字顺索引三种。

（1）哈那瓦特（Hanawalt）索引：该索引是按物质的 d 值的八强线排列，以物质的三条强线晶面间距为特征标志。其排列顺序为：八强线 d 值及强度、化学式和卡片号，样式如下所示。

★ $\mathbf{2.53_x}$　$\mathbf{2.88_x}$　$\mathbf{2.58_x}$　2.77_7　1.66_5　1.43_2　1.95_2　1.54_2　$Zn_5In_2O_8$　20—1440

C $\mathbf{2.52_x}$　$\mathbf{2.87_7}$　$\mathbf{2.60_7}$　2.65_6　3.12_6　5.04_5　3.18_3　2.64_3　$C_2H_2K_2O_6$　22—845

哈那瓦特索引的编制是按各种物质最强线 d 值的递减次序划分成 51 个小组（即 51 个晶面间距范围），每一小组第一个 d 值的变化范围都标注在哈那瓦特索引各页的书眉上，以便查阅。小组划分情况见表 1-2。

表 1-2　哈那瓦特数值检索手册分组

d 值变化范围/Å	每组 d 值间隔/Å	组　数
999.99～10.00	990	1
9.99～8.00	2	1
7.99～6.00	1	2
5.99～5.00	0.5	2
4.99～4.60	0.4	1
4.59～4.30	0.3	1
4.29～3.90	0.2	2
3.89～3.60	0.15	2
3.59～3.40	0.10	2
3.39～3.32	0.08	1
3.31～3.25	0.07	1
3.24～1.80	0.05	29
1.79～1.40	0.10	4
1.39～1.00	0.20	2
总　　计		51

由于试样制备和实验条件的差异，可能使被测相的最强线并不一定是 JCPDS 卡片的最强线。在这种情况下，如果每个相在索引中只出现一次，就会给检索带来困难。为了增加寻找所需卡片的机会，在编制索引时，每一种物质的卡片至少出现一次，有的物质的卡片出现两次，有的出现三次，最多的出现四次。我们在查索引时，由于并不知道我们所要检索的物质的卡片出现几次，所以我们在编写可能的检索组时，一律编写四组，这四个检索组的编写如下。

若从强度上说：d1＞d2＞d3＞d4＞d5＞d6＞d7＞d8

① d1，d2，d3，d4，d5，d6，d7，d8

② d2，d1，d3，d4，d5，d6，d7，d8

③ d3，d1，d2，d4，d5，d6，d7，d8

④ d4，d1，d2，d3，d5，d6，d7，d8

（2）芬克索引：该索引和哈那瓦特索引一样都属数值索引，它是以每种物质的八强线的晶面间距 d 值从大到小依次排列，将 4 个强峰的 d 值印成黑体，这 4 个峰轮流为首，改变次序时首尾相接。其排列次序为：八强线的 d 值及相对强度、化学式和卡片号，样式如下所示。

i $\mathbf{5.39_5}$　$\mathbf{3.43_x}$　$\mathbf{3.39_x}$　2.69_4　2.54_5　$\mathbf{2.21_6}$　2.12_3　1.52_4　$Al_6Si_2O_{13}$　15—776

i $\mathbf{3.43_x}$　$\mathbf{3.39_x}$　2.69_4　2.54_5　$\mathbf{2.21_6}$　2.12_3　1.52_4　$\mathbf{5.39_5}$　$Al_6Si_2O_{13}$　15—776

i **3.39**　2.69_4　2.54_5　$\mathbf{2.21_6}$　2.12_3　1.52_4　$\mathbf{5.39_5}$　$\mathbf{3.43_x}$　$Al_6Si_2O_{13}$　15—776

i $\mathbf{2.21_6}$　2.12_3　1.52_4　$\mathbf{5.39_5}$　$\mathbf{3.43_x}$　$\mathbf{3.39_x}$　2.69_4　2.54_5　$Al_6Si_2O_{13}$　15—776

我们在编写可能的检索组时，也应该编写四个检索组，这四个检索组的编写如下。

若从 $\boldsymbol{d}$ 值大小上说：d1＞d2＞d3＞d4＞d5＞d6＞d7＞d8；

从强度上说：d2＞d5＞d1＞d3＞d6＞d4＞d8＞d7。

① d2，d3，d4，d5，d6，d7，d8，d1

② d5，d6，d7，d8，d1，d2，d3，d4

③ d1，d2，d3，d4，d5，d6，d7，d8

④ d3，d4，d5，d6，d7，d8，d1，d2

(3) 字顺索引：该索引是以物质英文名称的字母顺序排列的。每一个物质占一个条目，每条依次列有该物质的英文名称、化学式、三强线 d 值和相对强度及卡片号。变换物质的英文名称关键词的顺序可使一种物相在字母检索手册中多次出现。如硅铝化合物 $3Al_2O_3 \cdot 2SiO_2$ 在字母检索手册中出现两次，其样式如下所示。

i　Aluminum Silicate　$Al_6Si_2O_{13}$　3.39_x　3.43_x　2.21_6　15—776

i　Silicate Aluminum　$Al_6Si_2O_{13}$　3.39_x　3.43_x　2.21_6　15—776

字顺索引又分无机物和有机物两部分。对于无机物，还有矿物名称检索，它是按化合物英文矿物名称字母排列的。如 $3Al_2O_3 \cdot 2SiO_2$ 矿物名为 Mullite，它在矿物检索中 M 字头区域出现。

有机化合物字母检索也有两种，一种是按化合物英文名称的字母排列的；另一种是分子式检索，是依照 C、H 两个元素的数目排序，以 C 为先，当 C 的数目相同时再按 H 的数目排列。若 C、H 都相同，则按分子式中其他元素的英文名称顺序排列。

当被检测物相的英文名称已知，欲确认在某体系中它是否存在时，应用字母检索是十分便利的。

(4) 光盘 PDF 卡片检索：只要知道该物质的元素、分子式、卡片号、三强线 d 值范围、物质的英文名称或矿物名等任何一个信息都可以迅速地把相关的卡片调出。可以减少许多烦琐的重复工作。而且还可以显示各种靶波长的 2θ 角，应用起来极为方便。

(三) 物相鉴定中应注意的问题

1. 单相矿物鉴定

实验所得出的衍射数据，往往与标准卡片上所列的衍射数据并不完全一致，通常只能是基本一致或相对地符合。尽管两者所研究的样品确实是同一种物相，也会是这样。因而，在数据对比时注意下列几点，可以有助于作出正确的判断。

(1) d 的数据比 I/I_0 数据重要。即实验数据与标准数据两者的 d 值必须很接近，一般要求其相对误差在±1%以内。I/I_0 值容许有较大的误差。这是因为面网间距 d 值是由晶体结构决定的，它是不会随实验条件的不同而改变的，只是在实验和测量过程中可能产生微小的误差。然而，I/I_0 值却会随实验条件（如靶的不同、制样方法的不同等）不同产生较大的变化。

(2) 强线比弱线重要，特别要重视 d 值大的强线。这是因为强线稳定也较易测得精确；而弱线强度低而不易察觉，判断准确位置也困难，有时还容易缺失。

(3) 若实测的衍射数据较卡片中的少几个弱线的衍射数据，不影响物相的鉴定。若实测的衍射数据较卡片中多几个弱线的衍射数据，说明有杂质混入，若多几个强线的衍射，说明该样品不是单物相，而是多晶混合物。

2. 多相矿物鉴定

对于多晶混合物衍射图谱分析鉴定时应注意如下几点。

(1) 低角度线的数据比高角度线的数据重要。这是因为，对于不同晶体来说，低角度线的 d 值相一致重叠的机会很少，而对于高角度线（即 d 值小的线），不同晶体间相互重叠机会增多，当使用波长较长的 X 射线时，将会使得一些 d 值较小的线不再出现，但低角度线总是存在。样品过细或结晶较差的，会导致高角度线的缺失，所以在对比衍射数据时，应较多地注重低角度线，即 d 值大的线。

(2) 强线比弱线重要，特别要重视 d 值大的强线。这是因为强线稳定也较易测得精确；

而弱线强度低而不易察觉，判断准确位置也困难，有时还容易缺失。

(3) 应重视矿物的特征线。矿物的特征线即不与其他物相重叠的固有衍射线，在衍射图谱中，这种特征线的出现就标志着混合物中存在着某种物相。有些结构相似的物相，例如某些黏土矿物，以及许多多型晶体，它们的粉晶衍射数据相互间往往大同小异，只有当某几根线同时存在时，才能肯定它是某个物相。这些线就是所谓的特征线。对于这些物相的鉴定，必须充分重视特征线。

(4) 在前面所提到的鉴定过程，也就是查表的具体手续，仅仅是从原理上来讲述的，而在实际鉴定过程中往往并不完全遵循。通常总是尽可能地先利用其他分析、鉴定手段，初步确定出样品可能是什么物相，将它局限于一定的范围内。从而即可直接查名称索引，找出有关的可能物相的卡片或表格来进行对比鉴定，而不一定要查数据索引。这样可以简化手续，而且也减少了盲目性，使所得出的结果更为可靠。同时，在最后作出鉴定时，还必须考虑到样品的其他特征，如形态、物理性质以及有关化学成分的分析数据等等，以便作出正确的判断。

三、实验仪器

德国布鲁克 D8 ACVANCE 粉末衍射仪一台及某物质的 X 射线衍射图谱。

JCPDS 卡片及索引。

计算机自动索引（XRD 定性分析软件）。

四、实验内容

（一）单物相定性分析实验

(1) 寻峰：获得衍射图后，测量衍射峰的 2θ，计算出晶面间距 d。测量每条衍射线的峰高，以最高的峰的强度作为 100，计算出每条衍射峰的相对强度 I/I_0，目前这项工作由数据评估软件自动获得。

(2) X 射线衍射图的打印，将寻峰完成的 X 射线衍射图打印出来。

(3) 在所有衍射峰中根据强度大小找出八条最强峰。

(4) 根据哈那瓦特索引方法和芬克索引方法分别写出检索组。

(5) 在哈那瓦特索引和芬克索引中分别查询符合的检索组，找出对应的卡片号及矿物名称（化学式）。

(6) 把待测相的所有衍射线的 d 值和 I/I_0 与卡片的数据进行对比，最后获得与实验数据基本吻合的卡片，卡片上所示物质即为待测相。

（二）多相混合定性分析方法

(1) 多相分析中若混合物是已知的，无非是通过 X 射线衍射分析方法进行验证。在实际工作中也能经常遇到这种情况。

(2) 若多相混合物是未知且含量相近。则可从每个物相的 3 条强线考虑。

① 假若样品是两相混合物，从样品的衍射花样中选择 5 条相对强度最大的线来，显然，在这 5 条线中至少有 3 条是肯定属于同一个物相的。因此，若在此 5 条线中取 3 条进行组合，则共可得出十组不同的组合。其中至少有一组，其 3 条线都是属于同一个物相的。当逐组地将每一组数据与哈那瓦特索引中前 3 条线的数据进行对比，其中必可有一组数据与索引中的某一组数据基本相符。初步确定物相 A。

② 找到物相 A 的相应衍射数据表，如果鉴定无误，则表中所列的数据必定可为实验数

据所包含。至此，便已经鉴定出了一个物相。

③ 将这部分能核对上的数据，也就是属于第一个物相的数据，从整个实验数据中扣除。

④ 对所剩下的数据中再找出 3 条相对强度较强的线，用哈那瓦特索引进行比较，找到相对应的物相 B，并将剩余的衍射线与物相 B 的衍射数据进行对比，以最后确定物相 B。

假若样品是三相混合物，那么，开始时应选出 7 条最强线，并在此 7 条线中取 3 条进行组合，则在其中总会存在这样一组数据，它的 3 条线都是属于同一物相的。对该物相作出鉴定之后，把属于该物相的数据从整个实验数据中剔除，其后的工作便成为一个鉴定两相混合物的工作了。

假如样品是更多相的混合物时，鉴定方法的原理仍然不变，只是在最初需要选取更多的线以供进行组合之用。

⑤ 若多相混合物中各种物相的含量相差较大，就可按单相鉴定方法进行。因为物相的含量与其衍射强度成正比，这样占大量的那种物相，它的一组薄射线强度明显增强。那么，就可以根据 3 条强线定出量多的那种物相。把属于该物相的数据从整个数据中剔除。然后，再从剩余的数据中，找出在条强线定出含量较小的第二相。其他依次进行。这样鉴定必须是各种物相的含量相差大，否则，准确性也会有问题。

⑥ 若多相混合物的衍射花样中存在一些常见物相且具有特征衍射线，应重视特征线，可根据这些特征性强线把某些物相定出，剩余的衍射线就相对简单了。

当然在进行多相混合物的定性分析时要根据具体情况，尽量将 X 射线物相分析法和其他相分析法结合起来，灵活运用各种检索方法，最终达到各物相都能鉴别出来的目的。

五、思考题

1. X 射线衍射物相定性分析的原理是什么？
2. X 射线衍射定性相分析的注意事项有哪些？

实验 3　X 射线衍射定量相分析

一、实验目的

1. 熟悉 X 射线衍射定量相分析的基本原理。
2. 掌握 X 射线衍射定量相分析的一般实验技术。
3. 选定适当的定量分析方法测定一个二元混合物中各相含量。

二、实验原理

（一）原理及普适公式

根据衍射强度与该物质参与衍射的体积或质量的增加而增加（非线性）的关系，n 相混合物中，j 相某衍射线的强度与参与衍射的该相的体积 V_j 或质量分数 W_j 的关系式表示为：

$$I_j = CK_j V_j / \rho \sum_{j=1}^{n} W_j \mu_{mj}$$

$$I_j = CK_j W_j / \rho_j \sum_{j=1}^{n} W_j \mu_{mj}$$

为定量分析普适公式（Alexander 定量分析公式），其中常数 C 为：

$$C=\frac{1}{32\pi r}I_0\frac{e^4}{m^2c^4}\lambda^3\times\frac{1}{2}$$

强度因子：
$$K_j=\frac{1}{\nu_0^2}F_{hkl}^2P_{hkl}\frac{1+k\cos^2 2\theta}{\sin^2\theta\cdot\cos\theta}\times e^{-2M}$$

结构因子：
$$F_{hkl}^2=\sum_{i=1}^{n}f_ie^{-2\pi i(hx_i+hy_i+lz_i)}\quad（i\text{ 为晶胞中原子}）$$

公式中，考虑原子热振动及吸收的影响，因各相 μ 不同，每相 V_j 或 W_j 的变化引起 μ_m 总体变化，导致 $I_j \sim V_j$ 或 W_j 的非线性。

要求试样均匀、无织构、无限厚、晶粒足够小，不存在消光及微吸收。

（二）常用定量分析方法

由处理衍射强度与该物质 I_j 与总体质量吸收系数 μ_m 的不同引申出多种定量分析方法，以满足实际需求。

1. 外标法

要纯标样，它不加到待测样中，该法适用于大批量试样中某相定量测量。要求在相同的实验条件，测选定的同一衍射线强度。

（1）当 μ_m 均同（同素异构）

$$I_j/I_{js}=\left(CK_jW_j/\rho_j\sum_{j=1}^{n}W_j\mu_{mj}\right)/(CK_jW_{js}/\rho_s\mu_{mjs})=C'W_j/C'=W_j$$

因为 μ_m 均同，对待测样相：$\sum W_j=1$，对纯相：$W_{js}=1$

（2）当 μ_m 不同时

① 对两相混合物 i、j，用 j 相作外标可导出

$$W_j=I_j\mu_{mj}/[I_{js}\mu_{mj}-I_j(\mu_{mj}-\mu_{mi})]$$

其中 μ_{mi}，μ_{mj} 已知，I_j 和 I_{js} 可测，从而可计算出 j 相在混合相中的质量分数 w_j，如 $\mu_{mj}=\mu_{mi}$ 即为上例。

② 可配制三个以上不同 j 相含量试样，则 I_j 及纯相 j 相的 I_{js}（同一衍射线）作曲线 $I_j/I_{js}\sim W_j$ 可求 W_j。

对多相试样欲求关心的相，均可按②类同处理。

2. 内标法

待测试样为 n 相，μ_{mj} 不同，加恒量 W_s 的标样到混合样中的定量方法。

标样可选 α-Al_2O_3，ZnO，KCl，LiF，CaF_2，MgO，SiO_2，$CaCO_3$，$NaCl$ 或 NiO 之一。

优选吸收系数与颗粒大小相近，衍射线不重叠的作标样。

混合试样中 i 相某衍射线积分强度：

$$I_i=CK_iW'_i/\rho_i\sum_{j=1}^{n+1}W_j\mu_{mj}$$

混合试样中 s 相

$$I_s=CK_sW_s/\rho_s\sum_{j=1}^{n+1}W_j\mu_{mj}$$

待测相中 i 相质量分数 W_i，加入样标样 s 相后，i 相的质量分数为：

$$W'_i=(1-W_s)W_i$$

$$I_i/I_s = K_i W_i' \rho_s / K_s \rho_i W_s = K_i W_i (1-W_s) \rho_s / K_s \rho_i W_s = K W_i$$

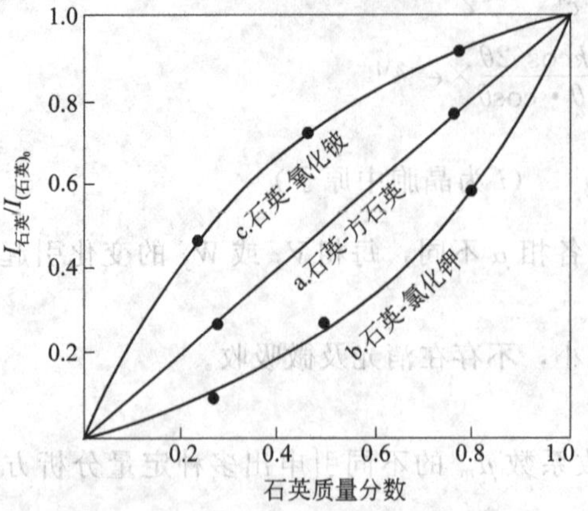

图 1-3 分析石英含量的定标曲线

因为 i 和 s 相物质已知，ρ_i、ρ_s 为常数，当 λ 一定，2θ（即 hkl 线一定）、K 为常数，所以成正比 $I_i/I_s \sim W_i$。通常配制三个以上已知 W_i 重量不等的试样，且三个试样均加入恒定 W_s，制 $I_i/I_s \sim W_i$ 定标曲线，利用其来测 W_i。例如分析石英含量的工作曲线如图 1-3 所示。

3. K 值法（1974 年 F. H. Chang 创立）

它是内标法的发展，K 值与加入标样含量无关，无需作定标曲线，且 K 值易求，K 值法也称基体冲洗法。

原理：

$$I_j/I_s = \left[CK_j W_j'/\rho_j \sum_{j=1}^{n+1} W_j \mu_{mj}\right] \Big/ \left[CK_s W_s/\rho_s \sum_{j=1}^{n+1} W_j \mu_{mj}\right]$$

$$= \frac{K_j \rho_s}{K_s \rho_j} \times \frac{W_j'}{W_s} = K_s^j \frac{W_j'}{W_s}$$

因为 $W_j' = \frac{W_s}{K_s^j} \times \frac{I_j}{I_s}$ $[W_j = W_j'/(1-W_s)]$

$K_s^j = \frac{K_j \rho_s}{K_s \rho_j} = K$ 称 j 相对标样 s 的 K 值

j 和 s 相物质已知，ρ_j、ρ_s 为常数，当 λ 一定时 2θ（即衍射线选定）K_s^j 为恒定，由上式可求 W_j'，从而求出 W_j。

$W_j' = \frac{W_s}{K_s^j} \times \frac{I_j}{I_s}$ 从而求出 W_j $[W_j = W_j'/(1-W_s)]$

关于 K 值：

① K 值对一定相物质，随选用的靶波长、选测衍射线而定，$K = f(s, j, \lambda, \theta)$，只要 s、j、λ、θ 一定，K 为常数。

② 国标规定 以 α-Al_2O_3（刚玉）为标样，测 s 和 j 相最强衍射线，新测算的 K 值，并列在 PDF2 卡右下角 $I/I_{cor} = ?$。

4. 直接对比法

不用外标或内标物质，以同一试样中各相衍射强度直接对比进行分析，常用于二元物相及同素异构体定量测定，公式中的 K 因子需理论计算。

原理：n 相各相体积分数 V_i 在衍射仪下测量

$$I_i = CK_i V_i \Big/ \rho \sum_{i=1}^{n} W_i \mu_{mi} \quad (I = 1, 2, 3\cdots, n, 共\ n\ 个方程)$$

其中 $K_i = \frac{1}{V_0^2} F_{hkl}^2 P \left(\frac{1+K\cos^2 2\theta}{\sin^2\theta\cos\theta}\right) e^{-2M}$ 需计算出

$$I_i/I_j = K_i V_i / K_j V_j,\ V_i = \frac{I_i}{I_j}\frac{K_j}{K_i} V_j,\ \sum_{i=1}^{n} V_i = 1$$

则 $\sum_{i=1}^{n} V_i = \sum_{i=1}^{n} \frac{I_i}{I_j} \times \frac{K_j}{k_i} V_j = 1$，即 $\frac{K_j}{I_j} V_j \sum_{i=1}^{n} \frac{I_i}{K_i} = 1, V_j = \frac{I_j}{K_j} \Big/ \sum_{i=1}^{n} \frac{I_i}{K_i}$，

代入上式得：$V_i = \frac{I_i}{I_j} \times \frac{K_j}{K_i} \times \frac{I_j}{K_j} \Big/ \sum_{i=1}^{n} \frac{I_i}{K_i} = \frac{I_i}{K_i} \Big/ \sum_{i=1}^{n} \frac{J_i}{K_i}$

而质量分数 $W_i = \frac{I_i \rho_i}{K_i \rho} \Big/ \sum_{i=1}^{n} (I_i / K_i)$

三、实验仪器

德国布鲁克 D8 ACVANCE 粉末衍射仪一台。

待测样品。

四、实验内容

1. 选择分析纯 α-Al_2O_3 和 NaCl 样品。

2. 按照一定比例配置 α-Al_2O_3 和 NaCl 不同含量的待测样品。

3. 将样品放入玛瑙研钵内，充分研磨到一定细度，过 200～325 目标准筛。

4. 将适量研磨好的细粉填入凹槽，并用平整的玻璃板将其压紧；将槽外或高出样品中板面的多余粉末刮去，重新将样品压平，使样品表面与样品板面平整光滑。

5. 将压制好的试样放置到 X 射线衍射仪的样品台上。

6. 选择合适的实验参数，对样品进行测试。

7. 对测试结果利用直接对比法进行定量相分析。

五、思考题

1. X 射线衍射物相定量分析的原理是什么？

2. 常用 X 射线衍射定量相分析的主要方法有哪些？

第二章　电子显微分析

实验 1　扫描电镜的结构、工作原理及操作

一、实验目的与任务

1. 了解扫描电镜的发展及特点。
2. 了解扫描电镜的基本结构。
3. 掌握扫描电镜的工作原理。
4. 了解扫描电镜的基本操作。

二、扫描电镜的发展及特点

1. 扫描电镜的发展简介

扫描电镜的设计思想和工作原理，早在 1935 年就被提出来了，直到 1956 年才开始生产商品扫描电镜。商品扫描电镜的分辨率从第一台的 25nm 提高到现在的 0.8nm，已经接近于透射电镜的分辨率。现在大多数扫描电镜都能同 X 射线波谱仪、X 射线能谱仪和自动图像分析仪等组合，成为一种对表面微观形貌进行全面分析的多功能电子光学仪器。随着纳米材料的兴起，原有的钨灯丝扫描电镜由于分辨率低，不能满足纳米材料分析检测的要求。近年来研发生产的场发射扫描电镜，使扫描电镜的分辨率提高到了 0.8nm，促进了纳米材料的发展。场发射扫描电镜又分为冷场场发射扫描电镜和热场场发射扫描电镜，它们的共性是分辨率高。热场发射扫描电镜的束流大且稳定，适合进行能谱分析，但维护成本和要求高；冷场场发射扫描电镜束流小且不稳定，适合于做表面形貌观察，不适合做能谱分析，相对而言维护成本和要求要低一些。另外还出现了一类环境扫描电镜，其特点是对于生物样品、含水及含油样品，既不需要脱水，也不必进行导电处理，可在低加速电压下的低真空和自然状态下直接观察二次电子图像并分析其元素组成。图 2-1、图 2-2 分别为日立 S2500 型钨灯丝扫描电子显微镜及 FEI 公司 QUANTA FEG 250 型热场场发射扫描电子显微镜。

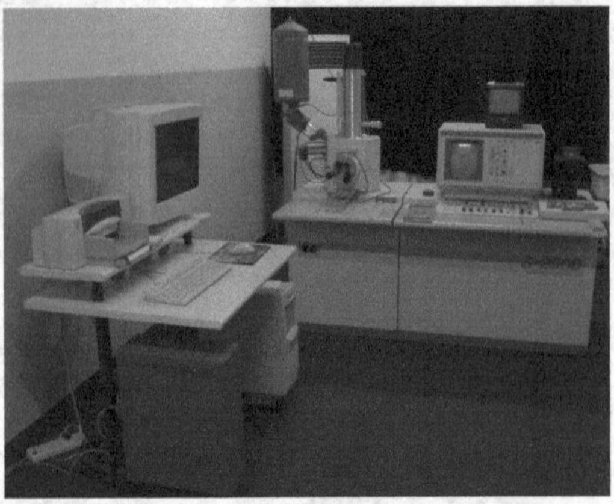

图 2-1　日立扫描电子显微镜

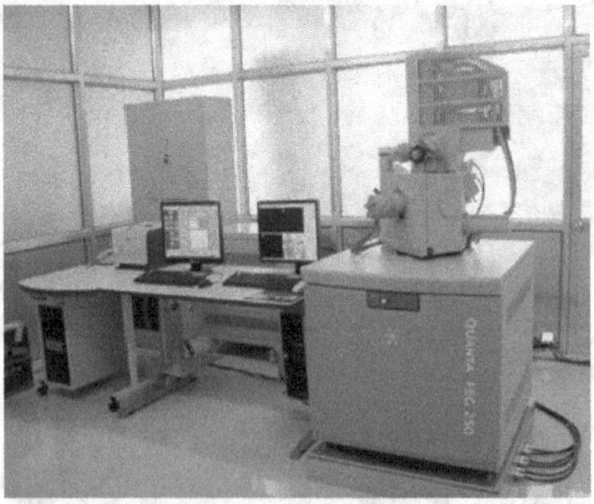

图 2-2　FEI 热场场发射扫描电子显微镜

2. 扫描电镜的特点

(1) 样品制备过程简单，对样品形状没有要求，粗糙表面可以直接观察。

(2) 样品室较大，样品可以做三维空间的平移和旋转，这对观察不规则形状样品的各个区域带来了方便。

(3) 图像富有立体感，景深大，是光学显微镜的数百倍，是透射电镜的数十倍。

(4) 放大倍数变化范围大，可从几倍到几十万倍连续可调。仪器分辨率相当高，仅次于透射电镜。

(5) 电子束对样品的损伤与污染程度小。由于扫描电镜电子束的束流小，且不是在固定一点照射样品表面，所以对样品的损伤与污染程度比较小。

(6) 在观察形貌的同时可以做微区成分分析等其他测试。如果在样品室内安装加热、冷却、弯曲、拉伸等附件，则可以观察相变、断裂等动态的变化过程。

三、扫描电镜的基本结构

扫描电镜是由电子光学系统、扫描系统、信号收集处理显示系统、真空系统、供电控制系统和冷却系统六部分组成，其结构原理如图 2-3 所示。

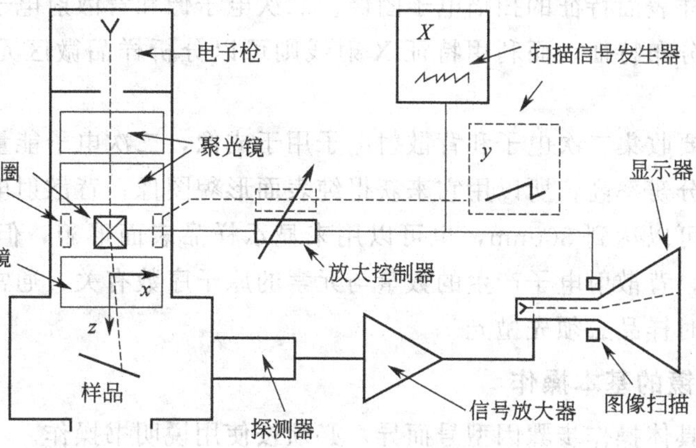

图 2-3 扫描电镜的基本结构及工作原理示意

电子光学系统主要包括电子枪、二级聚光镜、物镜、消像散器、可变光阑和样品室等部件。其作用是将来自电子枪的电子束聚焦成亮度高、直径细的入射束斑照射样品表面，激发产生各种物理信号，起成像作用。样品室可以放置不同用途的样品台，如拉伸台、加热台和冷却台等。试样放在样品台上，操作时通过 X、Y、Z 方向旋扭使试样在 x、y、z 轴三个方向位移，同时还可以使样品倾斜一定角度。

扫描系统包括扫描信号发生器、扫描线圈和放大倍率选择器等部件。其作用是将开关电路对积分电容反复充放电产生的锯齿波同步地送入镜筒中的扫描线圈和显像管的扫描线圈，使二者的电子束作同步扫描。扫描电镜的放大倍数等于显示屏的宽度与电子束在试样上扫描的振幅之比。入射电子束束斑直径是扫描电镜分辨本领的极限。

信号收集处理显示系统包括探测器、放大器和显像管等部件。其作用是检测试样在入射电子束作用下激发产生的物理信号，调制显像管亮度，显示出反映试样表面形貌特征的电子图像。不同的物理信号要使用不同的探测器，通常选用电子探测器（闪烁计数器）来探测二次电子像、背散射电子像和透射电子像。此外，还有 X 射线探测器和阴极荧光探测器等。显示单元装有两个显像管，一个是长余辉显像管，作观察图像用，另一个是短余辉显像管，做拍摄图像用，可以获得高分辨率照片。

真空系统包括机械泵、油扩散泵（涡轮分子泵）、离子泵、真空管、真空计等。为保证扫描电镜电子光学系统的正常工作，普通扫描电镜真空系统能提供 10^{-2}～10^{-3}Pa（10^{-4}～10^{-5}mmHg）的真空度，可防止样品的污染。如果真空度不足，除样品被严重污染外，还会出现灯丝寿命下降、极间放电等问题。

供电系统由稳压、稳流及相应的保护电路组成，提供扫描电镜各部件需要的电源。

冷却系统主要是利用冷却循环水给扩散泵及镜筒内部线圈降温冷却。防止扩散泵油挥发进入样品室及镜筒内部造成污染。

四、扫描电镜的工作原理

扫描电镜的工作原理与闭路电视系统非常相似。在高压作用下从电子枪阴极发射能量为5～30keV 的电子，以其交叉斑作为电子源，经三级聚光镜聚焦成直径约为 0.0025～20μm（场发射电镜更细）的电子束，在扫描线圈的作用下，在试样表面作行帧扫描，激发产生各种物理信号，其强度取决于试样表面的形貌、成分和晶体取向。二次电子探测器或背散射电子探测器接收这些物理信号，经放大器放大，送至显像管栅极，调制其亮度，显示出以明暗差别所反映的试样表面特征的扫描电子图像。二次电子像和背散射电子像分别反映样品表面微观形貌和成分分布特征。而利用特征 X 射线则可以分析样品微区元素组成，这需要配置 X 射线能谱仪。

扫描电镜主要收集二次电子和背散射电子用于成像，二次电子能量较低，只在样品表面产生，但其图像分辨率高，所以用它来获得纯表面形貌图像；背散射电子能量比较高，在样品中产生的深度可以达到 300nm，也可以用来显示样品表面形貌，但它对样品表面形貌的变化不那么敏感，背散射电子产生的数量与元素的原子序数有关，通常用它来获得元素或相的分布图像，此时样品必须先抛光。

五、扫描电镜的基本操作

扫描电镜的具体操作步骤因型号而异，必须按使用说明书操作。本实验使用的扫描电镜型号为 FEI 公司的 QUANTA FEG250 热场场发射扫描电镜，大体操作步骤如下。

1. 扫描电镜的启动

（1）打开主机稳压电源，确认电压准确、稳定。接通冷却循环水。

（2）打开主机，真空系统开始工作，待真空度达到要求之后，方可加高压。

（3）给电子枪加高压，扫描电镜进入工作状态。

（4）移动样品台，调节放大倍数、聚焦、象散、对比度、亮度等，直到获得满意的图像。

（5）对图像进行保存或打印。

（6）需做微区成分分析时，同时打开能谱仪分析软件。

2. 更换样品

（1）关闭电子枪高压，调整样品台回到中心位置。

（2）打开放气阀，空气进入样品室。开舱门，取出样品座，不要碰撞样品室其他部件。

（3）更换样品后关上样品室门，重新抽真空，约 5min 后仪器可进入工作状态。

3. 关机

（1）观察完毕后关闭电子枪高压，调整样品台回到中心位置。

（2）关闭扫描电镜操作界面，关闭计算机。

(3) 关主机电源。

(4) 20min 后关冷却水。

六、编写实验报告

1. 对观察内容作详细记录并完成实验报告。

2. 回答下列问题：

(1) 电子束入射固体样品表面会激发产生哪些信号？扫描电镜常用的信号有哪几个？观察样品表面形貌图像常用哪个信号？

(2) 试比较钨灯丝扫描电镜与场发射扫描电镜的特点。

实验 2 扫描电镜的试样制备与图像观察

一、实验目的与任务

1. 掌握扫描电镜试样的制备方法。

2. 了解扫描二次电子像观察记录操作的全过程及其在形貌组织结构分析中的应用。

3. 观察不同材料微观结构的二次电子图像。

二、扫描电镜试样的制备

1. 扫描电镜测试样品的种类

扫描电镜测试的样品种类繁多，无机非金属材料、金属材料、复合材料、有机高分子材料和生物样本都可以通过扫描电镜观察其表面形貌及微观结构。易分解、易挥发、有磁性的材料会造成样品室的污染，不能进行观察。

2. 扫描电镜试样的制备

制备合格的扫描电镜样品是能否获得预期最佳结果的先决条件。除环境扫描电镜之外，其他扫描电镜观察的试样必须是固体（块状或粉末），在真空下能保持长时间稳定，对于含有水分的样品要事先干燥。表面有氧化物或污染物，要用丙酮、乙醇等溶剂清洗。有些样品必须经过抛光或用化学试剂浸蚀后才能显露显微组织结构，如玻璃样品必须用 3%～5%浓度的 HF 浸蚀约 10s 才显露出分相结构。

(1) 块状样品的制备　样品直径可为几个毫米至十几个毫米，厚度约 5mm 以下。对于导电材料只要切取适合于样品台大小的试块，注意不要损伤所要观察的新鲜断面，用导电胶粘贴在铜或铝质样品座上，即可直接放到扫描电镜中观察。对于导电性较差或绝缘的非金属材料，将样品用导电胶粘贴到样品座上后，要在真空镀膜仪中喷镀一层约 10nm 厚的导电层后再放入扫描电镜中进行观察。

(2) 粉末样品的制备　粒径在 0.01～1mm 的粉末，取少量均匀撒在贴有导电胶带的样品台上，用洗耳球吹去未粘牢的颗粒即可；粒径小于 0.01mm 的粉末，由于颗粒太小，胶带法观察效果不佳，可采用悬浮法。用超声波分散样品后滴在剪裁好的铝箔或硅片上，自然干燥。对于不导电的粉末样品也必须喷镀导电层。

(3) 生物样品的制备　样品经取材和适当清洗后进行固定、脱水、临界点干燥或冷冻干燥，用导电胶带或导电银胶固定在样品台上，喷镀导电层。

(4) 导电层的喷镀　不导电的样品表面要喷镀导电层，可有效地防止样品荷电，提高样品二次电子的产生率，减少样品表面的热损伤，增加导电性。用于喷镀导电层的材料有金、铂、银、铜、铝、碳等，通常选用金、铂作为导电层材料，这是因为金、铂易蒸镀，颗粒微细，膜厚易控制，二次电子产生率高，化学稳定性好。导电层的厚度通常根据颜色来判断，也可以用喷镀的时间来控制。导电层太厚，将掩盖样品表面细节，太薄时造成不均匀，会引起局部放电，影响图像质量。

对于观察化学成分衬度像（背散射电子像、吸收电子像和特征 X 射线扫描像）的样品，表面必须抛光，喷碳（镀金层吸收背散射电子过大，影响背散射电子信号观察）。

三、扫描电镜的图像观察与分析

1. 扫描二次电子像的调节与操作

通常用电子探测器接收二次电子。在探测器收集极的正电位（一般为＋250V）作用下，二次电子被拉向收集极，然后又被带 10kV 正电压的加速极加速，打到闪烁体上，产生光信号，经光导管输送到光电倍增管，光信号又转变为电信号输送到显示系统，调制显像管栅极，从而显示出反映试样表面特征的二次电子像。为了获得立体感强、层次丰富、细节清楚的高质量图像，在观察过程中必须反复仔细选择设定各种条件参数。

（1）高压选择　二次电子像的分辨率随加速电压增加而提高。一般先在 20kV 下初步观察，对于不同的试样状态和不同的观察目的选择不同的高压值，如对原子序数小的试样应选择较小的高压值，以防止电子束对试样穿透过深和荷电效应。

（2）末级（或物镜）光栅的选择　光栅孔径与景深、分辨率及试样照射电流有关，光栅孔径大，景深小，分辨率低，试样照射电流大，反之亦然。在观察二次电子像时通常选用 2 号和 3 号光栅孔。

（3）工作距离和试样倾斜角的选择　工作距离是指末级聚光镜（或物镜）下极靴端面到试样表面的距离，通过试样微动装置的 z 轴进行调节。工作距离小，景深小，分辨率高，反之亦然。通常用 10～15mm，要求高的分辨率时用 5mm，为了加大景深可用 30mm。二次电子的发射量与电子束的入射角有关，入射角越大，二次电子产生越多，像的亮度越好。较平坦的试样增大倾斜角度，可以提高图像的亮度与衬度。

（4）聚焦和像散校正　在观察图像时，只有准确聚焦才能获得清晰的图像，通过调节聚焦钮而实现。一般在慢速扫描时进行聚焦也可以在选区扫描时进行，还可在线扫描方式下调焦，使视频信号的波峰处于最尖锐状态。由于扫描电镜景深较大，通常在高倍下聚焦，低倍下观察。

当电子通道环境受污染时将产生严重像散，在过焦和欠焦时图像细节在互为 90°的方向上拉长漂移，必须用消像散器进行像散校正。校正方法有两种，一种是用聚焦钮找出像散的两个最大位置，计算聚焦钮的挡数后将其置于中间位置，然后反复调消像散钮直至图像最清楚。另一种方法是一边聚焦一边消像散，直至图像不漂移。消像散通常在慢扫描或选区扫描时进行。在改变光栏孔径和聚光镜时都应重新聚焦和消像散。

（5）放大倍数选择　放大倍数的选择按实际观察所要求的分辨细节而定。

（6）亮度与对比度的选择　一幅清晰的图像必须有适中的亮度和对比度。在扫描电镜中，调节亮度实际上是调节前置放大器输入信号的电平来改变显示屏的亮度，衬度调节是调节光电倍增管的高压来改变输出信号的强弱。当试样表面明显凹凸不平时，对比度应选择小一些，以达到明暗对比清楚，使暗区的细节也能观察清楚为宜。对于平坦试样应加大对比度。如果图像明暗对比十分严重，则应加大灰度，使明暗对比适中。

（7）图像记录　经反复调节，获得满意的图像后就可进行照相记录或采集电子图像记录。

2. 扫描二次电子像的观察与分析

二次电子的探测深度和体积都很小，对试样的表面特征反映最灵敏，分辨率高，是扫描电镜中最常用的物理信号。试样的棱、边、尖峰处产生的二次电子较多，相应的二次电子像较亮。而平台、凹坑处射出的二次电子较少，相应的图像较暗。利用扫描二次电子像研究水泥浆体和混凝土中的各种水化产物和凝胶体的形态、分布及其显微结构具有很多优越性。因此，二次电子像的形貌观察是胶凝材料中最常用的分析方法。

硅酸钙的水化产物是氢氧化钙和水化硅酸钙凝胶。$Ca(OH)_2$为六方晶系晶体，在二次电子像中可见明显的六角板状晶体（图 2-4）或明显解理的粗大板晶（图 2-5），大小在 10μm 左右。水化硅酸钙凝胶通常呈刺状毛球、卷曲或折皱的薄箔状、团絮状、云朵状等多种形貌（图 2-4）。

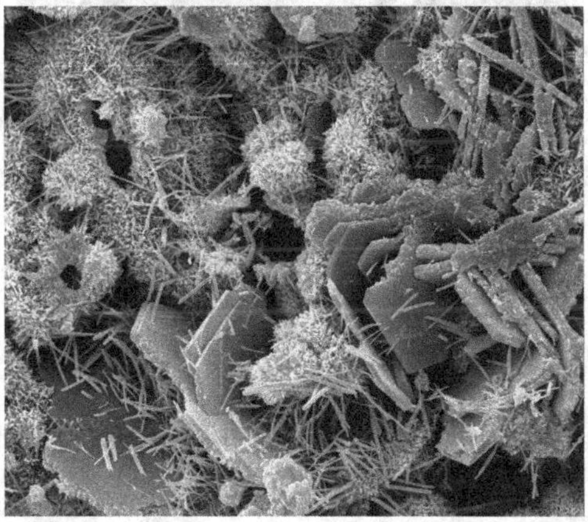

图 2-4　六角板状 $Ca(OH)_2$ 晶体

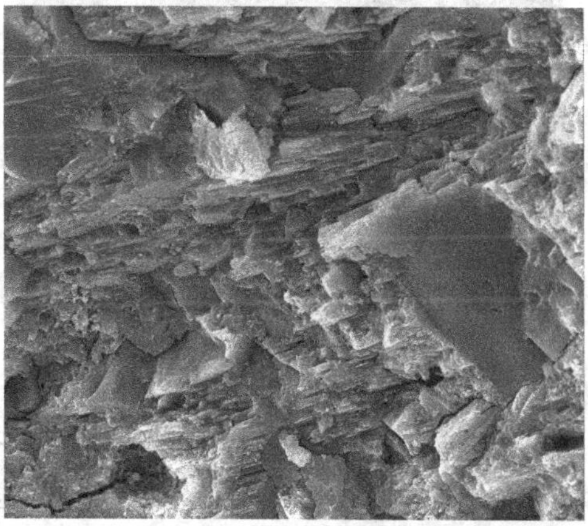

图 2-5　解理 $Ca(OH)_2$ 粗大板晶

图 2-6　细长针状钙矾石晶体

图 2-7　片状低硫型硫铝酸钙晶体

铝酸钙的水化产物为水化铝酸钙。当有足量的石膏存在时，水化铝酸钙可以生成高硫型水化铝酸钙即钙矾石。在高碱性环境中，钙矾石呈粗大的棒状晶体；在低碱性环境中，钙矾石呈细长针状晶体（图 2-6）。当石膏的量不足或温度过高时，棒状、针状钙矾石晶体转化成六方片状的低硫型硫铝酸钙晶体（图 2-7）。

陶瓷材料在烧结过程中形成的显微结构，在很大程度上是由原料粉体的特性（如颗粒形状、颗粒度、团聚状态）和工艺等决定的。陶瓷生产的工艺条件、显微结构与制品的性能三者之间具有紧密的相互联系，借助扫描电镜对陶瓷的显微结构进行观察与分析，可以推断工艺条件的变化，特定的显微结构又能反映出陶瓷性能的优劣。如图 2-8 所示是氧化铝陶瓷的断口形貌，可以明显观察到陶瓷晶粒的大小、形状、均匀程度、断裂方式、孔结构等微观特征。图 2-9 是多孔陶瓷的断口形貌，可以观察到孔的大小、形态、连通性和分布是否均匀等特征。

图 2-8　Al_2O_3陶瓷的断口形貌

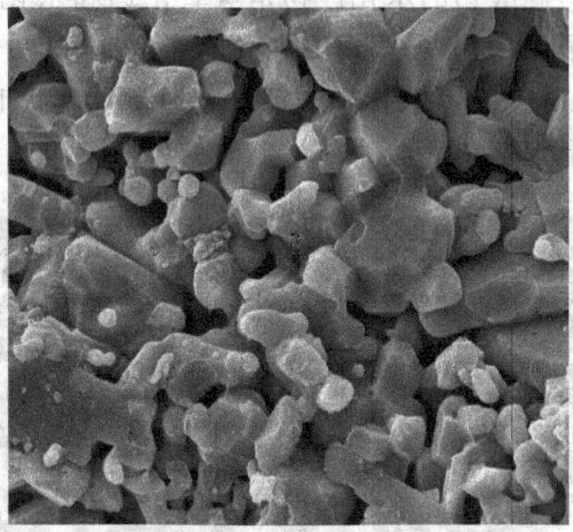

图 2-9　多孔陶瓷孔结构

扫描电镜观察金属材料微观结构的电子图像衬度尤其明显。图 2-10 中五花瓣状形貌的物相为二十面体 Mg-Zn-Y 三元准晶相，准晶相周边共晶相为 Mg_7Zn_3。Mg-Zn-Y 准晶形成过程中体现出沿着五次对称轴择优生长的特点，准晶形核时，首先在 Y 原子浓度大的区域形成形核质点，然后 Y 原子在合金熔体中沿五次对称轴方向呈放射性方式富集，最终准晶的长大形貌表现为五次枝晶的特点，是二十面体准晶五重旋转对称性在形态上的宏观体现。图 2-11 是该材料五花瓣准晶相与其周围细密的共晶相均匀分布的宏观图像。

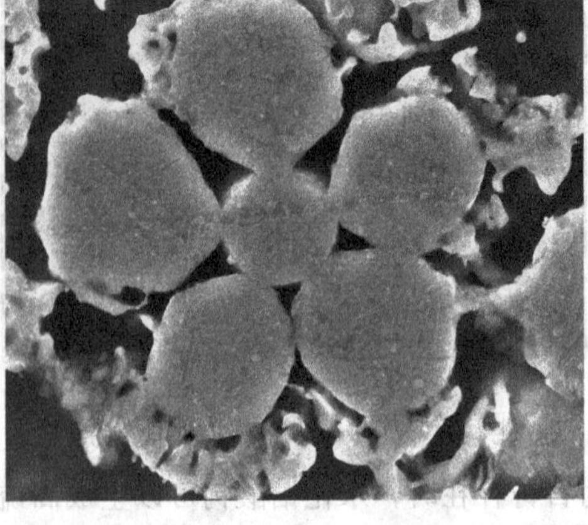

图 2-10　Mg-Zn-Y 三元准晶相

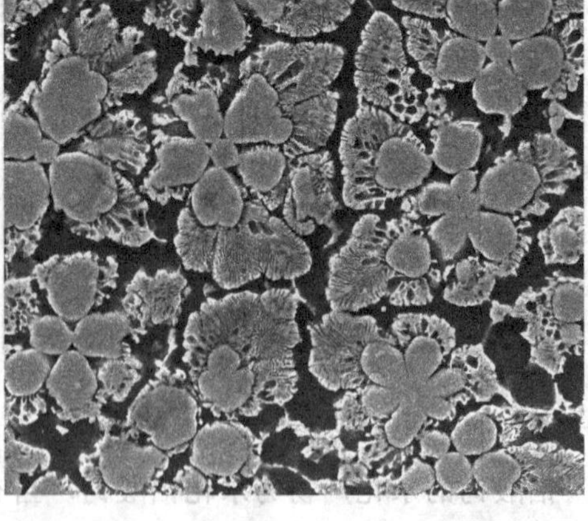

图 2-11　均匀分布的准晶与共晶相

扫描电镜在分析金属氧化物半导体阵列薄膜材料微观结构中有着明显的优势，扫描电子图像的超大景深、高分辨率体现得淋漓尽致。图 2-12 是 ZnO 阵列薄膜材料的表面形貌图，可以观察到 ZnO 晶体自组装纳米棒的三维生长、结晶状态。图 2-13 是该材料的断面结构，可清晰地观察到 ZnO 纳米棒的定向生长情况，纳米棒的直径和密集程度，通过测量软件，还可以测量其生长高度。

图 2-12 ZnO 自组装纳米棒

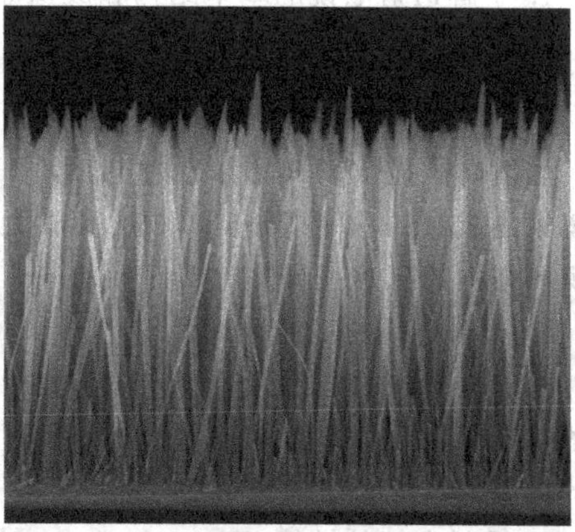

图 2-13 ZnO 纳米棒断面形貌

扫描二次电子图像也是观察其他材料微观形貌的有效方法。例如花状锐钛矿多晶体具有三维对称性（图 2-14），利用扫描二次电子图像观察 Ag 负载 TiO_2 微球，可见 Ag 纳米粒子包覆的均匀性（图 2-15）。

图 2-14 花状锐钛矿多晶体

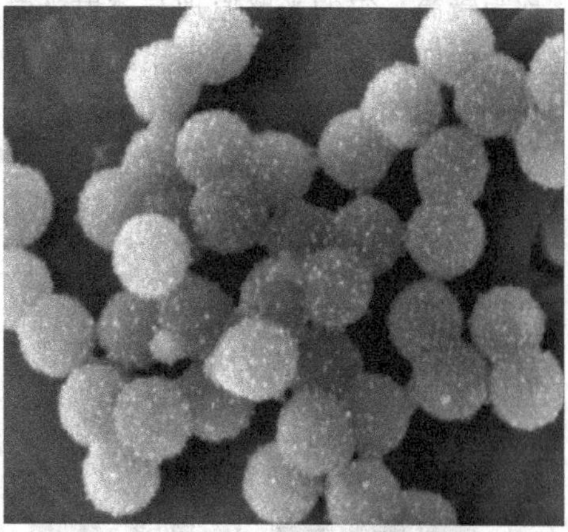

图 2-15 Ag 负载 TiO_2 微球

四、编写实验报告

1. 对观察内容作详细记录并完成实验报告。

2. 回答下列问题：

（1）不导电样品的表面为什么要喷镀一层导电层？喷镀导电层常用的材料有哪些？

（2）为什么胶凝材料的水化产物通常用扫描电镜观察形貌，而不用透射电镜或光学显微镜？

实验 3　透射电镜的工作原理、结构及操作

一、实验目的与意义

1. 了解透射电镜的基本结构和成像原理。

2. 了解透射电镜的基本操作程序。

二、透射电镜的工作原理、结构

透射电子显微镜（简称透射电镜，TEM）是以波长极短的电子束作为照明源，用电磁透镜聚焦成像的一种高分辨本领、高放大倍数的电子光学仪器，是观察和分析材料的形貌、组织和结构的有效工具。

1. 透射电镜的工作原理

电子枪产生的电子束经聚光镜会聚后均匀照射到试样上的某一待观察微小区域上，入射电子与试样物质相互作用，由于试样很薄，绝大部分电子穿透试样，其强度分布与所观察试样的形貌、组织、结构一一对应。

2. 透射电镜的结构

图 2-16 为日本电子 JEM-2010 型透射电镜的外观照片。透射电子显微镜在成像原理上与光学显微镜类似。它们的根本不同点在于光学显微镜以可见光作照明束，透射电子显微镜则以电子为照明束（图 2-17）。透射电镜一般由光学成像系统、真空系统及电气系统三部分组成。

（1）光学成像系统　光学成像系统是透射电子显微镜的核心，它组装成一直立的圆柱体，称为镜筒。它的光路原理与透射光学显微镜十分相似，如图 2-17(a)、(b) 所示。它分为三部分，即照明系统、成像系统和观察记录系统。

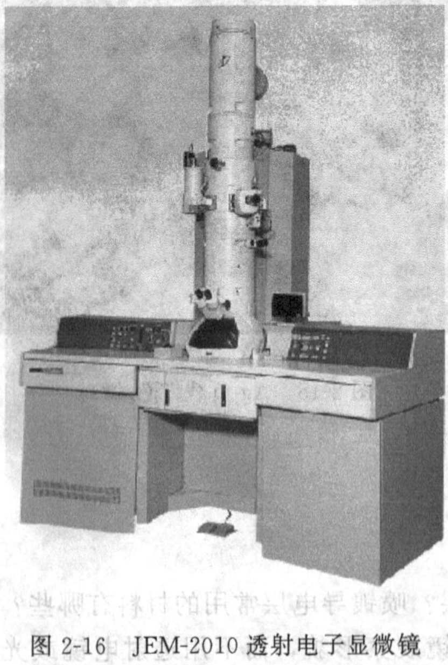

图 2-16　JEM-2010 透射电子显微镜

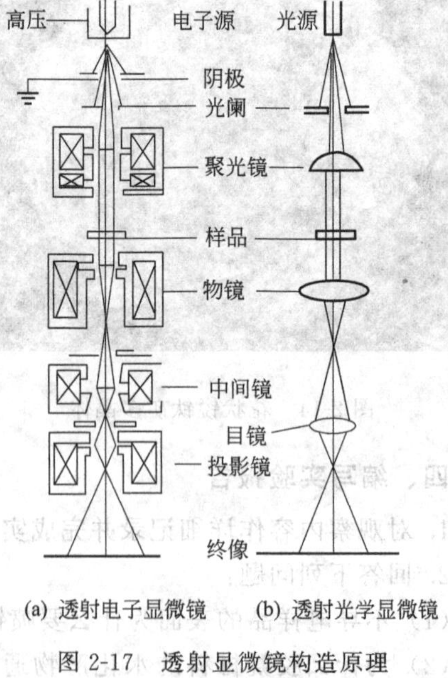

(a) 透射电子显微镜　(b) 透射光学显微镜

图 2-17　透射显微镜构造原理

照明系统的作用是提供亮度高、相干性好、束流稳定的照明电子束。它主要由发射并使

电子加速的电子枪和会聚电子束的聚光镜组成。透射电子显微镜的成像系统由物镜、中间镜（1～2个）和投影镜（1～2个）组成。

成像系统的两个基本操作是将衍射花样或图像投影到荧光屏上。高放大倍数成像时，物经物镜放大后在物镜和中间镜之间成第一级实像，中间镜以物镜的像为物进行放大，在投影镜上方成第二级放大像，投影镜以中间镜像为物进行放大，在荧光屏或照相底板上成终像。三级透镜高放大倍数成像可以获得高达100万倍的电子图像。中放大倍数成像时调节物镜励磁电流，使物镜成像于中间镜之下，中间镜以物镜像为“虚物”，在投影镜上方形成缩小的实像，经投影镜放大后在荧光屏或照相底板上成终像。中放大倍数成像可以获得几千至几万倍的电子图像。低放大倍数成像的最简便方法是减少透镜使用数目和减小透镜放大倍数。例如关闭物镜，减弱中间镜励磁电流，使中间镜起着长焦距物镜的作用，成像于投影镜之上，经投影镜放大后成像于荧光屏上，获得100～300倍视域较大的图像，为检查试样和选择、确定高倍观察区提供方便。

图像观察记录部分用来观察和拍摄经成像和放大的电子图像，该部分有荧光屏、照相盒、望远镜（长工作距离的立体显微镜）。荧光屏能向上斜倾和翻起，荧光屏下面是装有照相底板的照相盒。当用机械或电气方式将荧光屏向上翻起时，电子束便直接照射在下面的照相底板上并使之感光，记录下电子图像。望远镜一般放大5～10倍，用来观察电子图像中的更小的细节和进行精确聚焦。

透射电镜观察的是按一定方法制备后置于电镜铜网（直径3mm）上的样品。样品台是用来承载样品（铜网），以便在电镜中对样品进行各种条件下的观察。它可根据需要使样品倾斜和旋转，样品台还与镜筒外的机械旋杆相连，转动旋杆可使样品在两个互相垂直的方向平移，以便观察试样各部分细节。样品台按样品进入电镜中就位方式分为顶插式和侧插式两种。

（2）真空系统　电子显微镜镜筒必须具有高真空，这是因为：若电子枪中存在气体，会产生气体电离和放电现象；炽热的阴极枪灯丝被氧化或腐蚀而烧断；高速电子受到气体分子的随机散射而降低成像衬度及污染样品。一般电子显微镜的真空度要求在10^{-4}～10^{-5}Pa以及更高的真空度。

真空系统就是用来把镜筒中的气体抽掉，它由三级真空泵组成，第一级为机械泵，将镜筒预抽至10^{-1}Pa；第二级为油扩散泵或分子泵，将镜筒从10^{-1}Pa进一步抽至10^{-2}～10^{-4}Pa；第三级为离子泵，一般安装在电子枪部分，可使其真空度达到10^{-5}Pa以上。如果电子枪用的是场发射灯丝，则其真空度要达到10^{-7}～10^{-8}Pa，要一般使用多个离子泵同时工作才能达到。当镜筒内达到要求的真空度后，电镜才可以开始工作。

（3）电气系统　电气系统主要包括三部分：灯丝电源和高压电源，使电子枪产生稳定的高能照明电子束；各磁透镜的稳压稳流电源，使各磁透镜具有高的稳定度，电气控制电路，用来控制真空系统、电气合轴、自动聚焦、自动照相等。

三、透射电镜的基本操作

电镜通常情况下真空不关，高压保持在120kV，操作人员一般进行以下基本操作，完成测试工作。

（1）首先检查仪器运行状态，要求真空度≤4×10^{-5}Pa，空压机工作正常，能谱仪液氮足够。

（2）升压：工作电压逐步上升至200kV，稳定5～10min。

(3) 换样：换上要观察的样品，把样品杆插入电镜，等指示灯亮后1～2min，旋转样品杆，使样品进入光路。

(4) 加灯丝电流：按下电流按钮，稳定片刻，利用偏压调整，使灯丝亮度适中。

(5) 聚焦：调节聚焦旋钮，使样品聚焦。

(6) 调节聚光镜像散、电压中心、物镜像散、消除像散现象。

(7) 观察：根据试样情况调节不同放大倍率，能清楚地观察到样品细节。

(8) 记录：使用照相底片或使用CCD相机记录。

(9) 观察完毕，关闭灯丝电流、将高压降至120kV。

四、编写实验报告

1. 对观察内容作详细记录并完成实验报告。

2. 回答下列问题：

(1) 在材料分析中，透射电镜主要用来研究材料的哪些方面？

(2) 一般情况下，透射电镜的工作电压为何越高越好？

实验4　透射电镜薄膜样品的制备及电子图像观察

一、实验目的与意义

1. 掌握材料薄膜制备的工艺过程。

2. 学会电子图像的分析。

二、薄膜样品的制备

样品制备在透射电子显微分析技术中占有相当重要的位置。由透射电镜的工作原理可知，供透射电镜分析的样品必须对电子束是透明的，通常样品观察区域的厚度以控制在约100～200nm为宜。此外，所制得的样品还必须具有代表性，以真实反应所分析材料的某些特征。因此，样品制备时不可影响这些特征，如已产生影响则必须知道影响的方式和程度。透射电镜样品制备是一个涉及面很广的题目，方法也很多。选择哪种方法，则取决于材料的类型和所要获取的信息。透射电镜样品可分为间接样品和直接样品，复型样品为间接样品，而直接样品包括经悬浮分散的超细粉末颗粒和用一定方法减薄的材料薄膜。

对于固体的块状和片状等材料而言，样品必须制成薄膜样品后才能进行电子图像的观察。

一般情况，透射电镜下观察的试样厚度要求在50～200nm之间，制备这种试样的方法概括起来可分成四大类：超薄切片（生物样品）、化学抛光、双喷电解抛光腐蚀法和离子轰击薄化法。双喷电解抛光法用于能用电解抛光腐蚀方法减薄的金属样品。离子薄化法用于不能用电解抛光腐蚀法减薄的样品，例如陶瓷样品、矿物、多层结构材料、粉末颗粒等。

1. 双喷电解抛光法

(1) 装置　此装置由电解冷却与循环部分、电解抛光减薄及观察样品三部分组成。图2-18为双喷电解抛光装置示意图。

① 电解冷却与循环部分：通过耐酸泵把低温电解液经喷嘴打在样品表面。低温循环电解减薄不使样品因过热而氧化，同时又可得到平滑而光亮的薄膜，见图2-18中1及2。

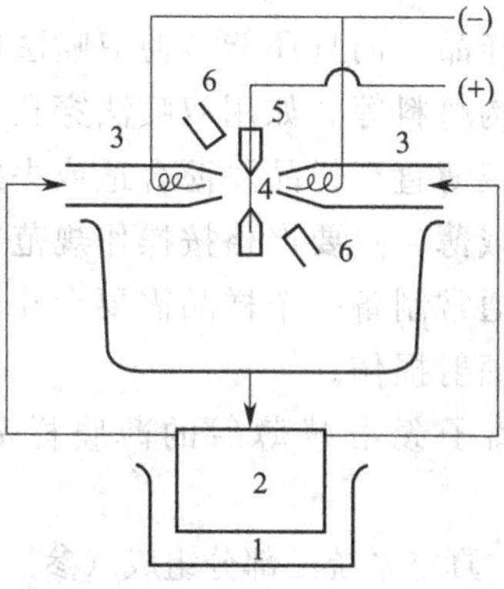

图 2-18 双喷电解抛光装置示意
1—冷却装置；2—泵、电解液；3—喷嘴；
4— 试样；5—样品架；6—光导纤维

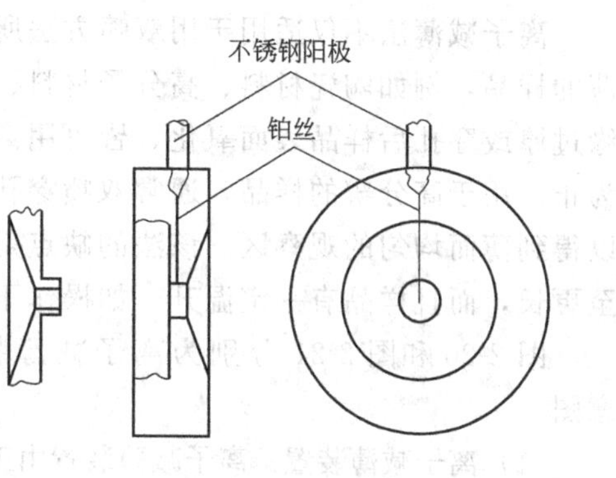

图 2-19 样品夹具

② 电解抛光减薄部分：电解液由泵打出后通过相对的两个极喷嘴喷到样品表面。喷嘴口径为 1mm，样品放在聚四氟乙烯制作的夹具上，见图 2-19。样品通过直径为 0.5mm 的铂丝与不锈钢阴极之间保持电接触，调节喷嘴位置使两个喷嘴位于同一直线上，见图 2-18 中 3。

③ 观察样品部分：电解抛光时一根光导纤维管把外部光源传送到样品的一个侧面。当样品刚一穿孔时，透过样品的光通过在样品另一侧的光导纤维管传送到外面的光电管，切断电解抛光射流，并发出报警声响。

（2）样品制备过程

① 线切割：从试样上线切割下 0.3mm 薄片。

② 将 0.3mm 薄片冲成直径为 3mm 的试样。

③ 将直径为 3mm 薄片在水磨金相砂纸上磨薄到 0.1～0.2mm。

④ 电解抛光减薄：把无锈、无油、厚度均匀、表面光滑、直径为 3mm 的样品放入样品夹具上（见图 2-19）。样品与铂丝要接触良好，将样品夹具放在喷嘴之间，调整样品夹具和喷嘴位置，使 3mm 小试样与喷嘴在同一水准线上，喷嘴与样品夹具距离大约 15mm，并使光导纤维管对着试样。调整电解液流量使之能喷射到样品上。需要在低温条件下电解抛光时，可在电解液中放入干冰或液氮，一般温度控制在－20～－40℃左右，或采用半导体冷阱等专门装置。最有利的电解抛光条件可通过在电解液温度及流速恒定时，做电流-电压曲线确定，双喷抛光法的电流-电压曲线一般接近于直线。对于同一种电解液，不同抛光材料的直线斜率差别不大。

⑤ 最终制成中间穿孔的样品。样品制成后应立即把样品夹具投入酒精中清洗。然后打开试样夹并用镊子夹住样品边缘，在酒精中再进行 4～5 次漂洗，以免残留电解液腐蚀金属薄膜表面。从抛光结束到漂洗完毕动作要迅速，争取在几秒钟内完成，否则前功尽弃。

⑥ 样品制成后应立即观察，暂时不观察的样品要妥善保存，可根据薄膜抗氧化能力选择保存方法。若薄膜抗氧化能力强，只要保存在干燥器内即可。易氧化的样品要放在真空装置中保存。

双喷法制得的薄膜有较厚的边缘，中心穿孔有一定的透明区域，不需要放在电镜铜网上，可直接放在样品杯内观察。

2. 离子减薄法

离子减薄法不仅适用于用双喷方法所能减薄的各种样品，而且还能减薄双喷法所不能减薄的样品，例如陶瓷材料、高分子材料、矿物、多层结构材料等。如用双喷法穿孔后，孔边缘过厚或穿孔后样品表面氧化，皆可用离子减薄法继续减薄直至样品厚薄合适或去掉氧化膜为止。用于高分辨的样品，通常双喷穿孔后再进行离子减薄，只要严格按操作规范减薄就可以得到薄而均匀的观察区。该法的缺点是减薄速度慢，通常制备一个样品需要十几个小时甚至更长，而且样品有一定温升。如操作不当样品会受到辐射损伤。

图 2-20 和图 2-21 分别为离子减薄装置示意图和离子轰击减薄后的薄膜样品断面示意图。

(1) 离子减薄装置　离子减薄装置由工作室、电系统、真空系统三部分组成（参见图 2-20）。

工作室是离子减薄装置的一个重要组成部分，它是由离子枪、样品台、显微镜、微型电机等组成的。

在工作室内沿水平方向有一对离子枪，样品台上的样品中心位于两枪发射出来的离子束中心，离子枪与样品的距离为 25～30mm 左右。两个离子枪均可以倾斜，根据减薄的需要可调节枪与样品的角度，通常调节成 7°～20°。样品台上能在自身平面内旋转，以使样品表面均匀减薄，减薄后的试样见图 2-21。

为了在减薄期间随时观察样品被减薄的情况，在样品下面装有光源，在工作室顶部安装显微镜，当样品被减薄透光时，打开光源，在显微镜下可以观察到样品透光情况。

电系统主要包括供电、控制及保护三部分。真空系统保证工作室高真空。

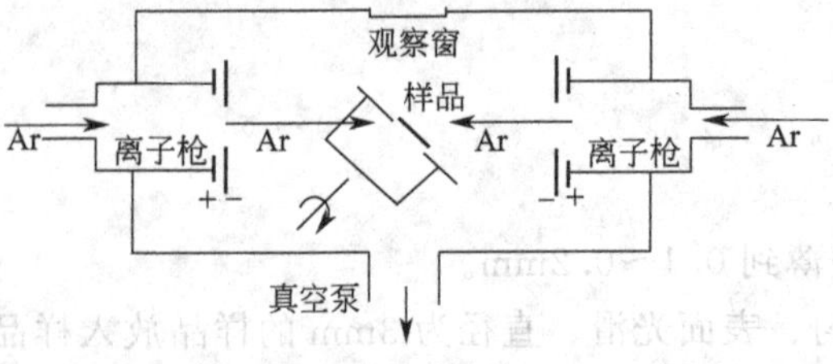

图 2-20　离子轰击减薄装置结构示意

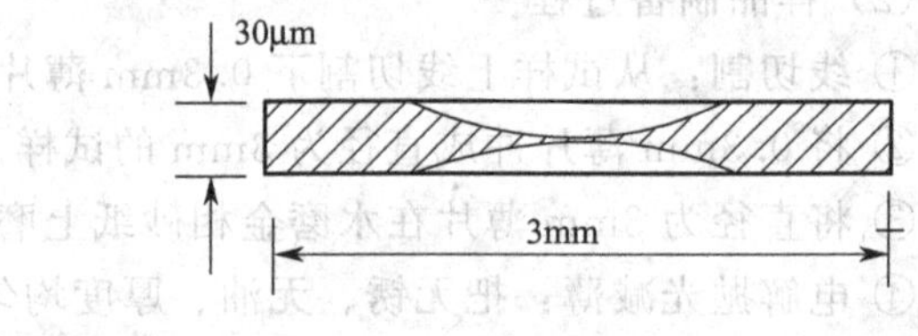

图 2-21　离子减薄后的薄膜样品断面示意图

(2) 离子减薄的工作原理　稀薄气体氩气在高压电场作用下辉光放电产生氩离子，氩离子穿过盘状阴极中心孔时受到加速与聚焦。高速运动的离子射向装有试样的阴极把原子打出样品表面，从而减薄样品。

(3) 离子减薄程序

① 切片。从大块试样上切下薄片。对金属、合金、陶瓷切片厚度应不小于 0.3mm。对岩石和矿物等脆、硬样品要用金刚石刀片或金刚石锯切下在毫米数量级的薄片。

② 研磨。用汽油等介质去除试样油污后，用黏结剂将清洗的样品粘在玻璃片上研磨，直至样品厚度小于 30～50μm 为止。

③ 将研磨后的样品切成直径 3mm 的小圆片。

④ 装入离子薄化装置进行离子减薄。

为提高减薄效率，一般情况减薄初期采用高电压、大束流、大角度（20°），以获得大陡坡的薄化，这个阶段约占整个制样时间的一半。然后减少高压束流与角度（一般采用 15°），使大陡坡的薄化逐渐削为小陡坡直至穿孔。最后以 7°～10°的角度、适宜的电压与电流继续减薄，以获得平整而宽阔的薄区。

三、薄膜样品透射电子显微像

一般把电子图像的光强度差别称为衬度。像衬度是图像上不同区域间明暗程度的差别。正是由于图像上不同区域间存在明暗程度的差别即衬度的存在，才使得我们能观察到各种具体的图像。透射电镜的像衬度与所研究的样品材料自身的组织结构、所采用的成像操作方式和成像条件有关。只有了解像衬度的形成机理，才能对各种具体的图像给予正确解释，这是进行材料电子显微分析的前提。电子图像的衬度按其形成机制分为质厚衬度、衍射衬度和相位衬度，它们分别适用于不同类型的试样、成像方法和研究内容。质厚衬度理论比较简单，适用于用一般成像方法对非晶态薄膜和复型膜试样所成图像的解释；衍射衬度和相位衬度理论用于晶体薄膜试样所成图像的解释，属于薄晶体电子显微分析的范畴。

1. 质厚衬度（散射衬度）像

对于无定形或非晶体试样，电子图像的衬度是由于试样各部分的密度和厚度不同形成的，这种衬度称为散射衬度［也称为质（量）厚（度）衬度］。由于样品的不均匀性，即同一样品的相邻两点，可能有不同的样品密度、不同的样品厚度或不同的组成，因而对入射电子有不同的散射能力，因而可见图像的明暗变化。图 2-22 为粉末试样的透射电镜照片。

2. 衍射衬度像

对晶体样品，电子将发生相干散射即衍射。所以，在晶体样品的成像过程中，起决定作用的是晶体对电子的衍射。由样品各处衍射束强度的差异形成的衬度称为衍射衬度，简称衍衬。影响衍射强度的主要因素是晶体取向和结构振幅。对没有成分差异的单相材料，衍射衬度是由样品各处满足布拉格条件程度的差异造成的。

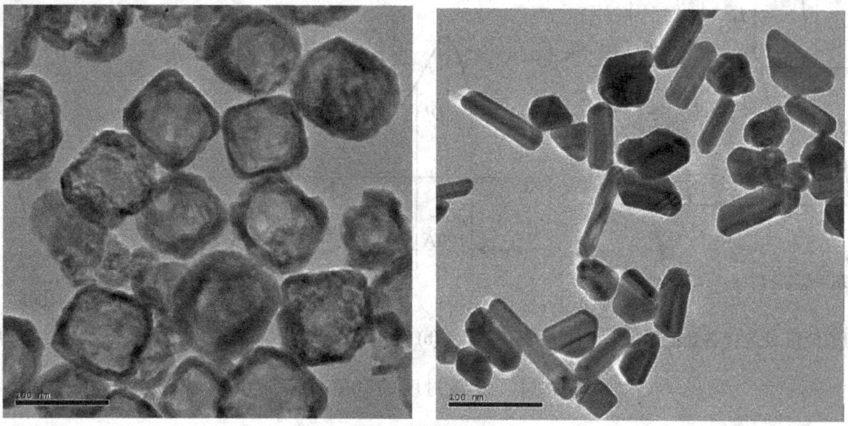

图 2-22 粉末的透射电镜照片

衍衬成像和质厚衬度成像有一个重要的差别。在形成显示质厚衬度的暗场像时，可以利用任意的散射电子。而形成显示衍射衬度的明场像或暗场像时，为获得高衬度高质量的图像(同时也便于图像衬度解释)，总是通过倾斜样品台获得所谓“双束条件”（two-beam conditions)，即在选区衍射谱上除强的直射束外只有一个强衍射束。图 2-23 是晶体样品中具有不同取向的两个相邻晶粒在明场成像条件下获得衍射衬度的光路原理图。图中，在强度为 I_0 的入射束照射下，A 晶粒的（hkl）晶面与入射束间的夹角正好等于布拉格角 θ，形成强度为 I_{hkl} 的衍射束，其余晶面均与衍射条件存在较大的偏差；而 B 晶粒的所有晶面均与衍射条

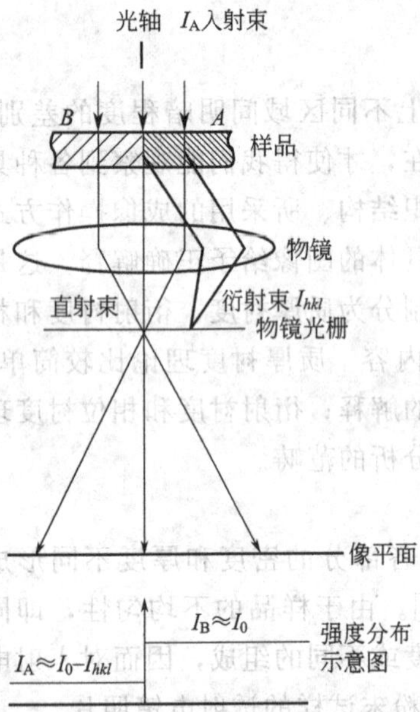

图 2-23 衍射衬度成像光路

件存在较大的偏差。这样，在明场成像条件下，像平面上与 A 晶粒对应的区域的电子束强度为 $I_A \approx I_0 - I_{hkl}$，而与 B 晶粒对应的区域的电子束强度为 $I_B \approx I_0$。反之，在暗场成像的条件下，即通过调节物镜光阑孔位置，只让衍射束 I_{hkl} 通过光阑孔参与成像，有 $I_A \approx I_{hkl}$，$I_B \approx I_0$。由于荧光屏上像的亮度取决于相应区域的电子束的强度，因此，若样品上不同区域的衍射条件不同，图像上相应区域的亮度将有所不同，这样在图像上便形成了衍射衬度。

如果晶体试样为一厚度完全均匀、没有任何弯曲和缺陷的完整晶体的薄膜，当其某一组晶面 (hkl) 满足布拉格条件，则该晶面组在各处满足布拉格条件程度相同，衍射强度相同，无论用透射束成像或衍射束成像，均看不到衬度。

但如果在样品晶体中存在缺陷，例如有一刃型位错，图 2-24(a) 中的 D 处，则位错周围的晶面畸变发生歪扭，在如图 2-24(b) 所示条件下，位错右侧晶面 B 顺时针转动，位错左侧晶面 D'反时针转动，使这组晶面在样品的不同部位满足布拉格条件的程度不同。若 D'处晶面处于精确满足布拉格条件，B 处晶面完全不满足布拉格条件，于是 A、B、C、D'处晶面的衍射强度不同，此时无论用透射束还是衍射束成像均产生衬度，得到刃型位错线的衍衬像，如图 2-24(c) 所示。

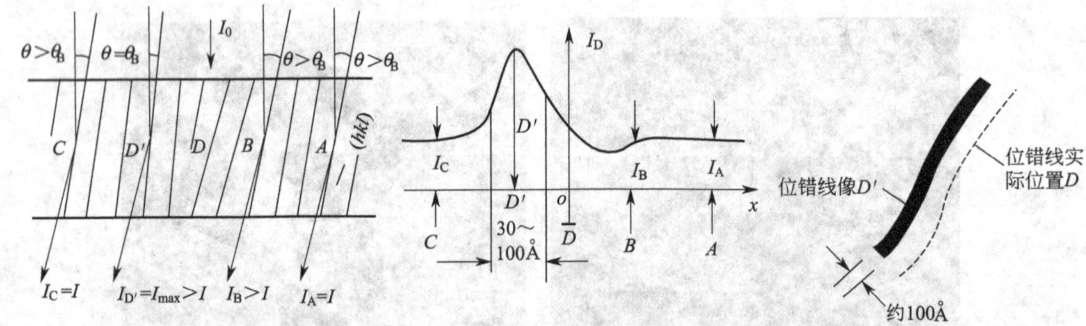

(a) D处有一刃型位错,使晶体各处满足衍射条件不同　(b) 衍射束强度分布　(c) 刃型位错的像

图 2-24 位错衬度的产生及表征

薄晶体刃型位错的衍衬像是一条线，用透射束成像时，为一暗线，用衍射束成像时为一亮线。位错线的像总是出现在它的实际位置的一侧或另一侧。可以用衍射理论来解释这些现象，按照衍衬理论可以导出样品底表面的衍射束和透射束的强度分布的数学表达式，从而可以解释所成像的衬度，其过程大致如下：先考虑晶体中单个原子、m 个原子的元胞以及一层原子对入射电子的散射产生的散射波振幅，再把各层原子产生的散射波振幅叠加起来（在动力学理论中还要考虑入射束与散射束的动力学相互作用），导出完整晶体试样表面的衍射和透射束的振幅分布，即可得出强度分布。在晶体有某种缺陷的情况下，缺陷附近的某个区域点阵发生畸变，引入相应于该缺陷的位移矢量，即可导出缺陷晶体底表面的衍射束和透射束的强度分布，从而可得到衍衬像的定性和定量（需要考虑吸收）解释。图 2-24(a) 为有刃

型位错的晶体底表面的衍射束强度分布图，它说明用衍射束成像时刃型位错的位错线应是一条亮线。

图 2-25 为 TiAl 金属间化合物的衍衬像，图 2-26 为 ZrO_2 陶瓷中的位错网，由位错线是黑线可知是明场像。

由图 2-25 的位错线（线缺陷）像说明缺陷成像时，物与像并不相像。因此必须依据衍射理论来对图像做出正确的解释，这是衍衬像的特点之一。

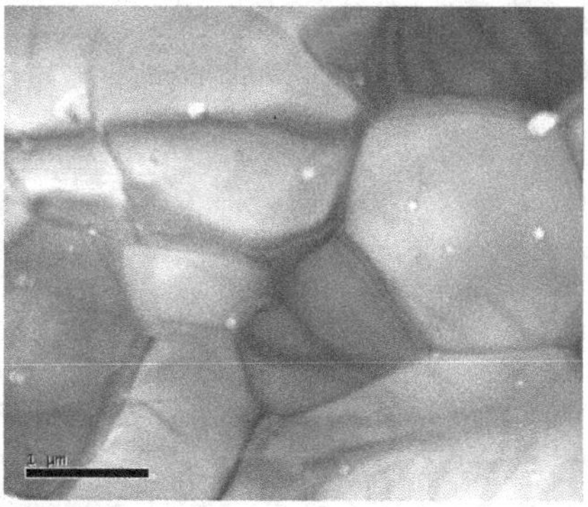

图 2-25 TiAl 金属间化合物的衍衬像

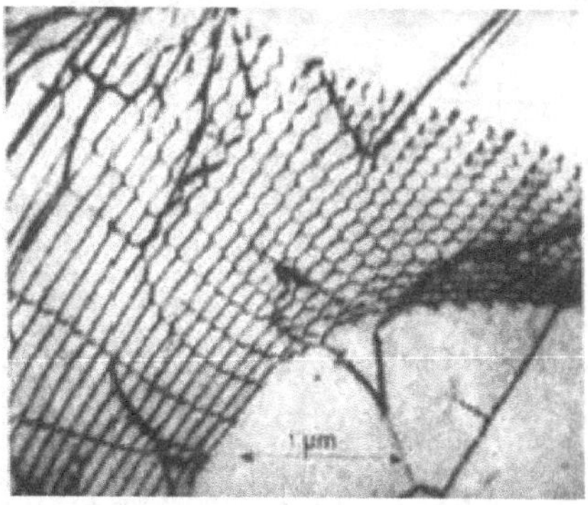

图 2-26 ZrO_2 中的位错网

3. 相位衬度像

薄晶体成像除了根据衍衬原理形成的衍衬像外，还有根据相位衬度原理形成的高分辨率像，它的研究对象是 1nm 以下的细节。高分辨率像有直接反映晶体晶格一维或二维结构的晶格条纹像；反映晶体结构中原子或分子配置情况的结构像，以及反映单个重金属原子的原子像。观察 1nm 以下的细节，所用的薄晶体试样厚度小于 10nm。

图 2-27 为金颗粒的晶格条纹像，由图 2-27 可见金的三组不同方向的晶格条纹，通过测量可知其晶面间距。图 2-28 为某纳米粒子的晶格像，可以证明该纳米颗粒为晶粒。

图 2-27 金的晶格条纹像

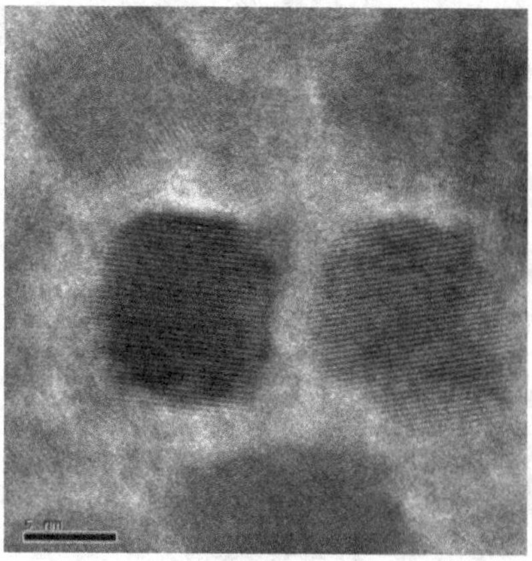

图 2-28 某纳米粒子的高分辨像

四、实验内容

1. 了解薄膜试样的各种制备方法，进行薄膜试样的制备。
2. 完成一个晶体薄膜试样的图像观察分析。

五、编写实验报告

1. 对观察内容作详细记录并完成实验报告。

2. 回答下列问题：

(1) 如何合理选择薄膜样品的制备方法？

(2) 电子图像的衬度按其形成机制分为哪三种？有何区别？

第三章 光学显微分析

实验1 偏光显微镜的认识与调校

偏光显微镜是研究透明和半透明矿物晶体的光学性质的重要光学仪器，使用前熟悉其基本构造，调节和校正方法，对于得到正确的鉴定结果、充分发挥仪器的各种性能以及仪器的寿命都是十分重要的。

一、实验目的

1. 熟悉偏光显微镜各部分的名称、位置、作用及使用方法。

2. 学会偏光显微镜的调节、校正及其维护。

二、实验器材

1. 偏光显微镜：NP-107B 型。

2. 试样薄片：黑云母花岗岩。

三、实验内容及实验方法

（一）认识偏光显微镜各部分的名称、位置、作用及使用方法

实验方法：由教师对照实物详细讲解，学生对照自己的显微镜加以认识。图 3-1 为宁波永新光学仪器有限公司生产的 NP-107B 型偏光显微镜。以下显微镜的认识与调校及使用均以此型号的显微镜为例加以介绍。

NP-107B 型偏光显微镜由上至下各部件的名称及作用如下。

（1）双目镜 放大倍数 10 倍，可用于双目同时观察显微镜中放大的图像。通过调节目镜下侧的焦距调节旋钮，双眼可同时看清楚目镜中的物像。其中有一个目镜中带有刻度尺，可用于测量颗粒的大小。

（2）瞳距调节器 因为每个人双眼的瞳距各不相同，瞳距调节器可以调节双目镜的距离，使之适应自己的瞳距。

（3）勃氏镜 该部件在推入光路时与目镜可形成放大式的望远系统，用来观察在锥光镜下形成的干涉图，此时的干涉图较大，但相对较为模糊。也可以将勃氏镜退出光路，去掉目镜，在目镜镜筒中直接观察干涉图，此时的干涉图较小，但为清晰的实像。显微镜在单偏光镜下、正交偏光镜下工作时不使用勃氏镜，应将其退出光路。

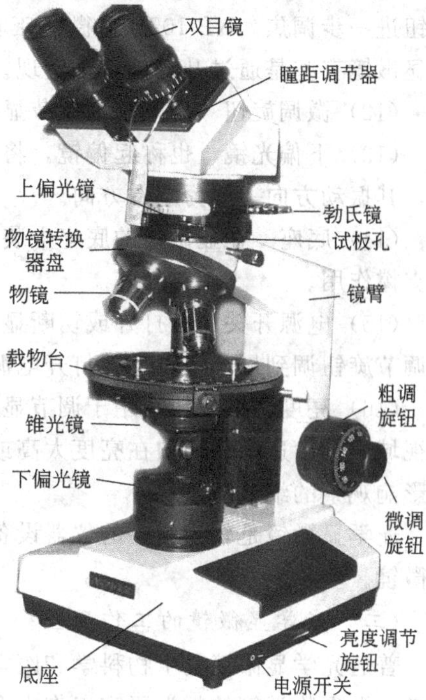

图 3-1 NP-107B 型偏光显微镜

（4）上偏光镜 也称为检偏镜，可以使光线形

成振动方向只有一个的平面偏光，与下偏光镜一起形成正交偏光系统，在物台不放置薄片时，光线透不出上偏光镜，在目镜中观察视域是黑暗的。上偏光镜可以通过手柄推入或拔出光路以使显微镜形成正交偏光系统或但偏光系统。上偏光镜的手柄可以 90°转动，用以调节上偏光镜使之与下偏光镜形成正交。

(5) 试板孔　一些光学性质进行测定的时候，需要加入补色器（也称试板），试板孔就是插入补色器的地方，与上下偏光镜的振动方向成 45°角。

(6) 物镜转换器盘　在其上可以安装 4 个放大倍数不同的物镜，在观察的时候，通过转动物镜转换器盘将所需要的放大倍数的物镜转入光路。

(7) 物镜　接装在物镜转换器盘上，是显微镜的成像透镜，根据不同的需要使用不同放大倍数的物镜，物镜的放大倍数为 4 倍、10 倍、20 倍及 40 倍。

(8) 镜臂　是连接镜筒与底座的连接部件。

(9) 载物台　其作用是放置观察的薄片，并可通过物台上的试样夹夹紧薄片，以防滑落。载物台可以 360°任意旋转，并且在其边缘有 360°的刻度，可以记录物台旋转的角度。对于 NP-107B 偏光显微镜，其光路中心与机械旋转中心重合的调节操作是通过调节载物台实现的，因此在载物台的左右前方 45°位有两个调节螺丝。而其他型号的显微镜中有些光路中心与机械旋转中心重合的调节操作是通过调节物镜的位置来实现的。另外在载物台的右后侧有一个固定螺丝，在看到一些现象又不希望物台移动时，可拧紧固定螺丝固定物台。

(10) 锥光镜　是在锥光系统中使用到的一个形成锥形光的部件，其作用是使从下偏光镜中透出的平行光变成锥形光射入拨片矿物。在锥光系统下锥光镜应通过其升降旋钮将其升至最高。而在单偏光系统、正交偏光系统等需平行光工作时，锥光镜降到最低。另外，在锥光镜下部连接有锁光圈，可以通过锁光圈调节手柄调节进光量的大小。

(11) 粗调旋钮　用以初步调节显微镜的工作焦距，在目镜中看到图像后，可改用微调旋钮进一步调焦。NP-107B 显微镜工作焦距的调节是通过升降物台来实现的，而其他型号的显微镜有些是通过升降镜筒来实现。

(12) 微调旋钮　用来精细调节显微镜的工作焦距，在目镜中观察，直到图像清晰为止。

(13) 下偏光镜　也称起偏镜，将光源产生的自然光转变成振动方向只有一个的平面偏光，其振动方向一般为左右方向。

(14) 底座　在显微镜的底座中装有电源变压器、碘钨灯等部件，同时也对整个显微镜起支撑作用。

(15) 电源开关　是打开或切断显微镜工作电源的开关。打开电源开关前，一定要将亮度调节旋钮调到最小，以免在打开电源时对灯泡造成大电流的冲击，影响灯泡的寿命。

(16) 亮度调节旋钮　用于调节显微镜灯光的亮度。可一边观察视域一边调节亮度，直到视域中亮度适中。切勿在亮度太高或太低的情况下进行观察，一方面损伤眼睛，另一方面也影响观察的细节。

光学显微镜是较为精密的仪器设备，在使用和调节各个部件时切记动手要轻，以免损坏显微镜。

（二）光学显微镜的工作原理

普通光学显微镜是生物科学和医学研究领域常用的仪器，它在细胞生物学、组织学、病理学、微生物学等的教学研究工作中有着极为广泛的用途，地质、材料等教学研究工作中一般使用偏光显微镜，是在普通光学显微镜的基础上加入上下偏光系统及锥光系统，用来研究矿物晶体的光学性质。

光学显微镜简称光镜，是利用光线照明使微小物体形成放大影像的仪器。目前使用的光镜种类繁多，外形和结构差别较大，但其基本的构造和工作原理是相似的。一台普通光镜主要由机械系统和光学系统两部分构成，而光学系统则主要包括光源、反光镜、聚光器、物镜和目镜等部件。

光镜是如何使微小物体放大的呢？物镜和目镜的结构虽然比较复杂，但它们的作用都是相当于一个凸透镜，由于待测样品是放在物镜下方，通过物镜的放大，在其上方形成一倒立的放大实像，该实像正好位于目镜的下焦平面之内，目镜进一步将它放大成一个虚像，通过调焦可使虚像落在眼睛的明视距离处，在视网膜上形成一个直立的实像。显微镜中被放大的倒立虚像与视网膜上直立的实像是相吻合的，该虚像看起来好像在离眼睛 25cm 处。

分辨率是光镜的主要性能指标，是指显微镜或人眼在 25cm 的明视距离处，能清楚地分辨被检物体细微结构最小间隔的能力，即分辨出样品上相互接近的两点间的最小距离的能力。据测定，人眼的分辨力约为 0.2mm。显微镜的分辨率由物镜的分辨率决定，而目镜与显微镜的分辨力无关。光镜的分辨率（r，r 值越小，分辨率越高）可用下式计算：

$$r=\frac{0.61\lambda}{n\sin\alpha}\quad(\mathrm{nm})$$

这里 n 为聚光镜与物镜之间介质的折射率（空气为 1、油为 1.5）；α 为物镜接纳光线的半角，$\sin\alpha$ 的最大值为 1；λ 为照明光源的波长（白光可看成约为 500nm）。

放大率或放大倍数是光镜性能的另一重要参数，一台显微镜的总放大倍数等于目镜放大倍数与物镜放大倍数的乘积。

（三）偏光显微镜的调节与校正

1. 装卸镜头

（1）装目镜：取下镜筒罩盖，将两个目镜（10×）插入镜筒上端，在打开电源并调节到适当亮度后，调节目镜视场调节圈及瞳距调节器，使目镜中的十字丝位于东西南北方向且双眼观察视场均清晰。如果发现视域很小，则可能是勃氏镜在光路中，应将其退出光路；如果在物台上不放置薄片的情况下视域黑暗，则是上偏光镜在光路中，应退出；如果发现亮度调到最大，视域仍然亮度很低，则是因为锁光圈锁死，应打开锁光圈。

（2）装物镜：将物台下降至最低位置，将物镜螺丝口对准物镜转换器丝口，按逆时针方向轻轻旋转，直到拧紧为止，将接装在物镜转换器上，分别接装 4×、10×、20×、40×的物镜。

2. 调节照明（对光）

（1）打开锁光圈（顺时针方向旋转锁光圈手柄），轻轻拉出上偏光镜和勃氏镜，把 4×物镜转入光路，将物台上升到约距物镜 10mm 的位置。

（2）将亮度调节钮转至最小，打开电源开关，调节亮度调节钮，使视场亮度适中。

有些型号的显微镜是用反光镜反射日光或灯光进入显微镜的光路，此时的操作称为对光。转动反光镜，在目镜中观察，直到视域亮度最亮且均匀为止。

3. 调节焦距

调节焦距也称为准焦，主要是通过调节显微镜的工作距离，使物像清晰可见，如果是初次使用，其步骤如下：

（1）将黑云母花岗岩薄片的盖玻片朝上置于载物台中心，并用试样夹夹紧；

(2) 从侧面看着物镜，同时轻轻转动粗动螺旋，使物台上升到最高处；

(3) 双眼于目镜中观察，同时反方向轻轻转动粗动螺旋，慢慢地下降物台，当视域出现物像时，改用微动螺旋调节焦距，直到物像清晰为止。

注意：薄片的盖玻片一定要朝上，否则会因高倍物镜工作距离短而不能准焦，发生损坏薄片和镜头的事故；此外，准焦时切忌眼睛看着镜内而上升物台，这同样会因高倍物镜工作距离短，发生物镜镜头与薄片相撞的事故。表 3-1 为不同放大倍数物镜的工作参数。

表 3-1　不同放大的物镜的数值孔径与工作距离

物　镜	数值孔径	工作距离/mm
4×	0.10	37.50
10×	0.25	7.32
25×	0.40	1.13
40×	0.65	0.63
63×	0.85	0.35

4. 中心校正

中心校正的目的，是使显微镜的光学系统中心与载物台的机械中心重合，以免在观察时因旋转物台操作而发生观察的现象跑出视域。但在显微镜中心不正时，有时出现偏离现象偏离的情况，即旋转物台时，原先在视域中心的物像将离开原来的位置甚至跑出视域之外，从而影响镜检工作的进行。所以使用显微镜前首先要进行中心校正。中心校正因显微镜的型号不同，校正方法也不一样，NP-107B 型显微镜借助于物台上的两个校正螺丝进行校正，有的型号的显微镜是借助物镜镜头上的两个校正螺丝进行校正，具体的校正步骤如下。

(1) 准焦：首先放置黑云母花岗岩薄片，调节焦距，使物像清晰。

(2) 移动试样薄片，在薄片中寻找任一小黑点 a（越小越好），再移动薄片使小黑点位于十字丝中心 O。

(3) 旋转物台 360°，如小黑点 a 仅在原地自转，则说明显微镜光学系统中心与物台的中心重合，不必校正，见图 3-2(a)；如果小黑点 a 离开十字丝交点 O 且绕另一中心 O' 作圆周运动［见图 3-2(b)、(c)］，则需要进行中心校正工作。其中 O' 为物台的中心，是一个在视域中假想的点，十字丝交点 O 则为显微镜光学系统的中心，校正的目的是使 O 与 O' 重合。

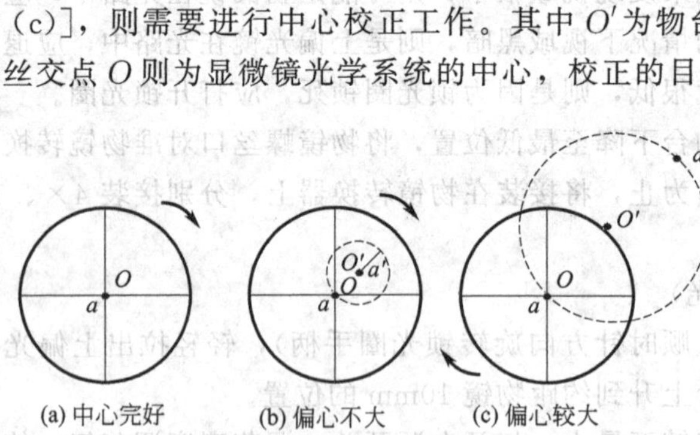

图 3-2　显微镜光学中心与物台中心关系示意

(4) 如果旋转物台一周小黑点不离开视域，说明中心偏离不大。这时将小黑点 a 自十字丝交点 O 开始转 180°，至图 3-2(b) 中的 a' 处。

(5) 扭动物台前侧左右的校正螺丝，使小黑点 a' 移至 O' 点（注意：在显微镜的视域中，并无 O' 点。实际是将 a' 向十字丝交点 O 的方向移动 Oa' 距离的 1/2）。

(6) 移动薄片，将小黑点移至十字丝交点，此时转动物台，若小黑点在十字丝交点自转，则中心校正已好；如果旋转物台小黑点仍偏离十字丝中心，则需按上述步骤重复进行，直到旋转物台时，小黑点不离开十字丝交点为止。

（7）如果中心偏离较大，则旋转物台时 a 点将离开视域，物台中心 O' 也可能在视域之外，如图 3-2(c) 所示。此时应根据小黑点 a 的移动情况估计物台中心 O' 的方位及距 O 点的距离。此时因将小黑点 a 由十字丝交点旋转物台 180°，移至图 3-2(c) 中的 a' 处，转动物台上的校正螺丝，使 a 点自十字丝交点背离物台中心 O' 的方向（因视域中无此点，需自己估计而定）移动相当于 OO' 的距离；再移动薄片使小黑点 a 回到十字丝交点，此时转动物台小黑点 a 可能在视域内转动，则可按上述步骤（4）、（5）、（6）的方法再进行校正。

为熟练地进行中心校正，实验时先做低倍物镜的校正，再做中倍物镜的校正。

如果其他型号的显微镜是通过物镜上的校正螺丝进行校正的，其校正步骤一样。

5. 偏光镜的校正

偏光镜的校正一般有以下三个内容。

（1）下偏光镜振动方向的确定　在偏光显微镜下研究矿物晶体时，必须知道光线通过下偏光镜以后偏光的振动方向，其确定方法如下：

① 偏光显微镜形成单偏光的光学系统，也即将上偏光镜、勃氏镜退出光路；

② 在黑云母花岗岩薄片中选择一个具有清晰细密解理的黑云母矿物颗粒置于视域中心；

③ 旋转载物台，同时观察黑云母的颜色变化，直到黑云母的颜色最深为止，此时黑云母的解理缝方向就是下偏光镜的振动方向 PP，可能如图 3-3(a) 所示，也可能如图 3-3(b) 所示。

（2）下偏光镜振动方向平行十字丝的确定　在偏光显微镜下进行矿物鉴定时，通常以目镜十字丝之一代表下偏光镜的振动方向，其确定方法如下：

① 将目镜十字丝安置在东西南北方向上（如地图上的方位）；

② 使薄片中黑云母的解理缝严格平行于东西方向十字丝，固定物台；

③ 如果此时黑云母颜色不是最深，则转动下偏光镜，直到黑云母矿物的颜色最深为止，此时下偏光镜的振动方向即与十字丝的横丝一致，即如图 3-3(b) 所示。

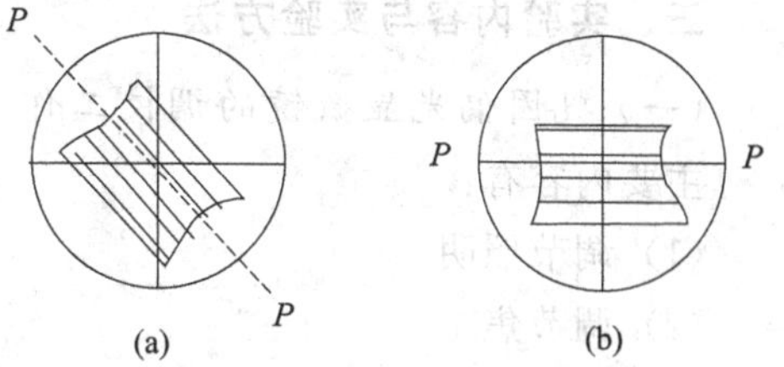

图 3-3　下偏光镜振动方向的确定

（3）上下偏光镜振动方向是否正交的确定　在上述调整的基础上，拿掉物台上的薄片，推入上偏光镜，此时，视域如呈黑暗状态，则说明上、下偏光间的振动方向正交且分别平行于目镜十字丝；如视域仍不黑暗，则说明其不正交，则转动上偏光镜手柄，直到视域黑暗为止，如无法调整，应报告指导老师。

四、实验注意事项

1. 使用前对薄片盒内的物品逐项检查，使用后在专用登记簿上记录仪器及附件的状况。
2. 显微镜各光学部件不清洁时，可用洗耳球或镜头纸除尘，切勿用手或其他物品揩擦。
3. 使用时细心操作，严禁将光学部件掉落桌面造成损坏。严禁拆卸显微镜的各种螺丝等配件。
4. 用高倍物镜时，需眼睛侧面观察物镜下降，切忌眼睛在目镜中观察，大幅度升降镜头，以免造成压碎薄片、损坏物镜的严重后果。

五、编写实验报告

1. 将上述观察内容的结果作详细记录并完成实验报告。

2. 回答下列问题：

(1) 光学显微镜的分辨率与哪些因素有关？是否可以无限制提高显微镜的分辨率？为什么？

(2) 为什么要对偏光显微镜的中心进行校正？如何进行校正？

(3) 为什么要将偏光镜的振动方向和目镜十字丝平行？如何测定？

实验 2 单偏光镜下的观察

将上偏光镜及勃氏镜从显微镜的光路中轻轻拉推出，仅使用下偏光镜（一般将其振动方向平行于东西方向十字丝且以 PP 表示之），此时显微镜形成单偏光的光学系统。

一、实验目的

1. 观察单偏光镜下矿物晶体的形态，了解晶体的切面形态与结晶习性间的关系。

2. 认识解理的等级，掌握测量解理角的方法。

3. 掌握以边缘、突起、糙面及贝克线等现象判别相邻介质折射率的相对高低，着重认识贝克线并掌握贝克线的移动规律，确定矿物折射率的大致范围。

4. 观察单偏光镜下矿物的颜色，认识多色性及吸收性现象。

二、实验器材

1. NP-107B 型偏光显微镜一台。

2. 天然岩矿薄片：花岗岩、石英净砂岩、橄榄岩、角闪石、微斜长石、方解石、萤石、电气石。

3. 工艺岩矿薄片：失透石或硅线石。

三、实验内容与实验方法

（一）巩固偏光显微镜的调校工作

主要内容有：

(1) 调节照明。

(2) 调节焦距。

(3) 确定下偏光镜的振动方向且将其平行东西方向十字丝。

(4) 中心校正。

（二）薄片中晶体形态的观察

(1) 分类　薄片中所见晶体的形态是被切割磨制后的截面形态，并不是晶体的立体形态。但晶体发育完整，则其截面形态也完整。综合同一矿物各个方向截面的形态特点，再根据结晶学的知识（如晶面夹角、解理性质、双晶缝等），可以恢复晶体的立体几何形态，从而确定其结晶习气及晶体生长时的物理化学条件。根据薄片中晶体边棱的规则程度，可将晶体形态分为以下几个类型，见图 3-4。

① 自形晶：薄片中见到的晶体边棱均为直线，形成规则的多边形。这类晶体一般是析晶早、析晶能力强或物理化学条件适宜于晶体生长时形成的。

② 半自形晶：薄片中晶体边棱部分为直线，部分为不规则的曲线，一般析晶稍晚或温度下降较快时易形成半自形晶。

③ 他形晶：薄片中晶体边棱均为不规则的曲线，在析晶晚、结晶中心多且温度下降很快时易形成他形晶。

④ 骸晶：是指薄片中呈雪花状、鳞片状、树枝状或放射状等形状的畸形晶体。一般为物质成分的黏度很大时形成。

（2）实验内容　观察黑云母、角闪石、石英、方解石、失透石等矿物的形态。

根据所观察的矿物颗粒大小，适当调节物镜放大倍数，使所观察的矿物颗粒在视域中能够同时观察到多个为好。记录或素描矿物的形状，判定其自形程度。

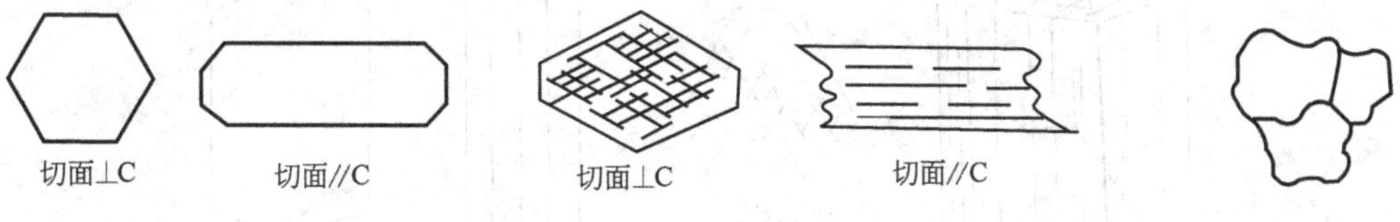

(a) 磷灰石的自形晶；　(b) 角闪石的半自形晶；　(c) 石英的他形晶

图 3-4　矿物的自形程度

有些矿物颗粒只是薄片中或者说是视域中的部分颗粒，在观察时请注意分辨。在本实验后面附有常见矿物在单偏光镜下的特征，可以参考。

另外在观察折射率与树胶相近的无色矿物时，其边缘有时不清晰，无法观察到矿物的形状，可以使用以下方法加以解决：

① 调节锁光圈手柄，适当缩小锁光圈，减少进光量，以减少杂散光的进入，此时矿物的边缘应该比原先清晰。

② 或可以推入上偏光镜形成正交偏光系统，因矿物各颗粒的取向不同或切片方向不同，不会出现同时干涉、同时消光的现象，可形成不同的干涉色，其颗粒边缘清晰可见。

（三）解理的观察及解理角的测量

1. 解理的观察

解理在单偏光镜下表现为一些平行或交叉的细缝——解理缝。解理缝在镜下的清晰程度与解理的发育程度有关。一般分为以下三种（图 3-5）。

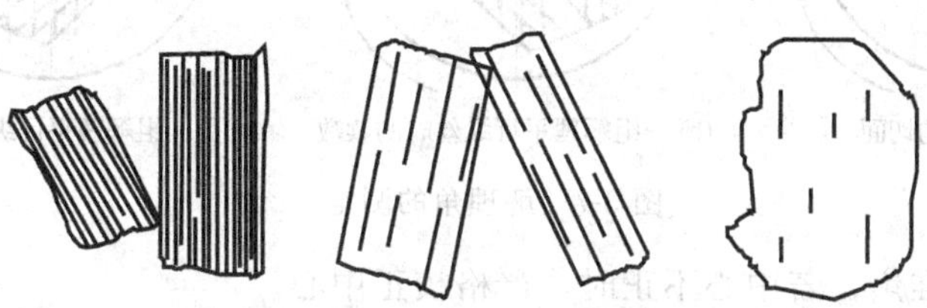

(a) 黑云母的极完全解理　(b) 角闪石的完全解理　(c) 橄榄石的不完全解理

图 3-5　解理发育完善程度

（1）极完全解理——解理缝为细密而连续的直线。

（2）完全解理——解理缝清晰、稍粗且不连续。

（3）不完全解理——解理缝断断续续仅见痕迹。

另外还有一些矿物各向结合均比较紧密，不会出现解理，也即是无解理矿物。这类矿物在镜下没有解理缝出现，如石英矿物。

观察解理时还需注意：

（1）矿物的折射率与树胶的折射率相差越大，解理缝越清楚。

（2）解理面垂直于薄片表面时，解理缝较细而且清晰。

（3）解理面平行于薄片表面或与薄片法线的交角大于解理缝可见性的倾斜临界角时，则在该切面上见不到解理缝（见图 3-6）。

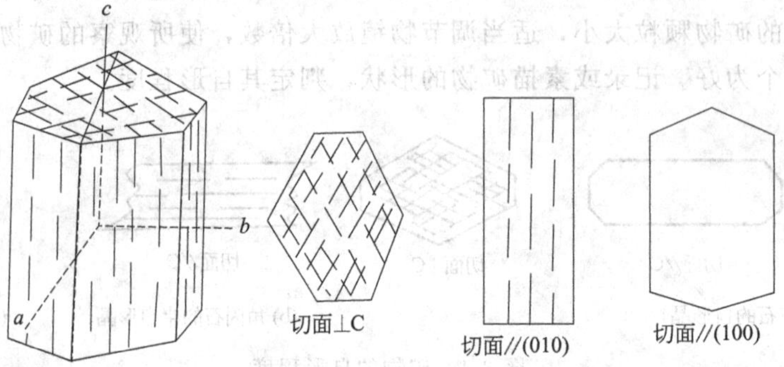

图 3-6　解理缝可见度与切面之间的关系

实验时观察黑云母、角闪石或辉石、橄榄石的解理，描述其解理等级。

2. 解理夹角的测量

当矿物有两组或两组以上解理时，必须测量两组解理之间的夹角——解理角，这可作为鉴定矿物的重要依据。

在测量解理夹角时，解理角必须在同时垂直于两组解理的定向切面中测量。这种切面的特点是：解理缝细而且清晰，微微升降物台时，两组解理缝均不向两边移动，解理角的测量方法如下（图 3-7）。

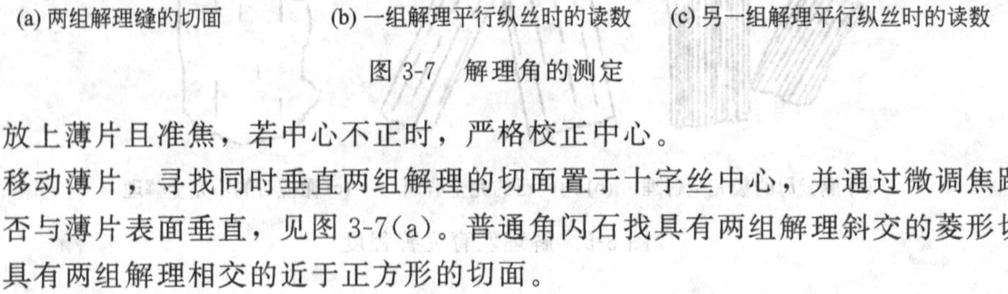

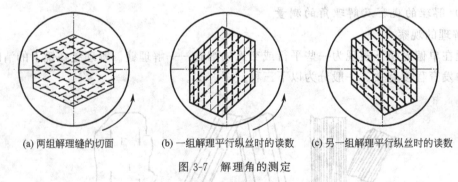

(a) 两组解理缝的切面　(b) 一组解理平行纵丝时的读数　(c) 另一组解理平行纵丝时的读数

图 3-7　解理角的测定

（1）放上薄片且准焦，若中心不正时，严格校正中心。

（2）移动薄片，寻找同时垂直两组解理的切面置于十字丝中心，并通过微调焦距来确认解理面是否与薄片表面垂直，见图 3-7(a)。普通角闪石找具有两组解理斜交的菱形切面；普通辉石找具有两组解理相交的近于正方形的切面。

（3）转动物台，使其中的一组解理缝平行于目镜十字丝之一，记下物台上的刻度值 b [图 3-7(b)]。

（4）转动物台，使另一组解理缝平行于同一根十字丝，记下物台上的刻度值 c [图 3-7(c)]。

(5) 解理角＝$|b-c|$。

实验时观察和测量普通角闪石或普通辉石的解理夹角。

(四) 边缘、糙面、突起、贝克线的观察

矿物的边缘、糙面、突起及贝克线(见图3-8、图3-9和表3-2)，是薄片中矿物与矿物之间或矿物与树胶之间，因折射率不同而产生的光学现象。这些现象都反应矿物折射率与树胶折射率的差值大小。差值越大，边缘越宽，糙面越显著、突起越高，贝克线越亮。

因此对这些现象统一观察分析，可以估计矿物折射率值的大致范围，其观察方法如下：

(1) 把所需观察的矿物移至视域中心；

(2) 适当缩小锁光圈，逐个地观察和比较矿物边缘、糙面和突起；

(3) 仍在缩小锁光圈的条件下，微微升降物台，观察不同介质(矿物之间或矿物与树胶之间)的交界线上，贝克线的移动方向。

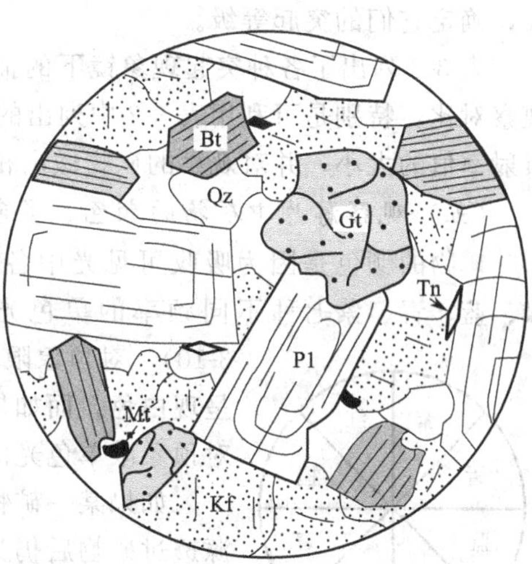

图 3-8 矿物的轮廓、糙面和突起的镜下素描
Gt—石榴子石；Bt—黑云母；Pl—斜长石；
Kf—钾长石；Qz—石英；
Tn—榍石；Mt—磁铁矿

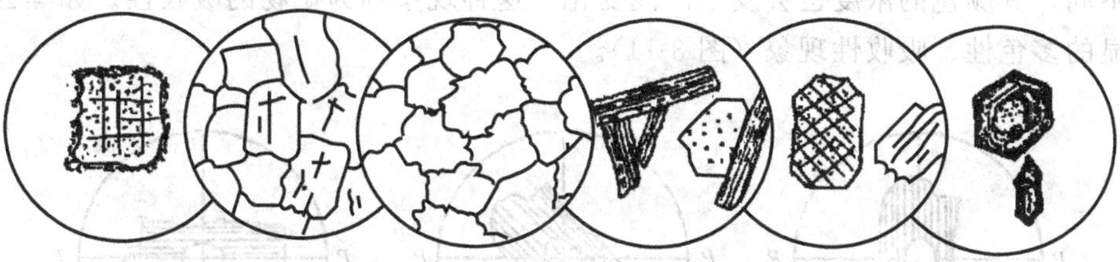

(a) 负高突起 (b) 负低突起 (c) 正低突起 (d) 正中突起 (e) 正高突起 (f) 正极高突起

图 3-9 突起等级示意

表 3-2 矿物的突起等级及特征

突起等级	折射率范围	糙面及轮廓特征	实 例
负高突起	＜1.48	糙面及轮廓显著，下降物台，贝克线移向树胶	萤石
负低突起	1.48～1.54	表面光滑，轮廓不明显，下降物台，贝克线移向树胶	钾长石
正低突起	1.54～1.60	表面光滑，轮廓不明显，下降物台，贝克线移向矿物	石英
正中突起	1.60～1.66	糙面显著，轮廓清晰，下降物台，贝克线移向矿物	黑云母、透闪石
正高突起	1.66～1.78	糙面很显著，轮廓较宽，下降物台，贝克线移向矿物	橄榄石、C_3S
正极高突起	＞1.78	糙面非常显著，轮廓很宽，下降物台，贝克线移向矿物	榍石、锆石

根据(2)、(3)两步差别判断矿物的突起等级以及折射率值的大致范围。

为了观察到清楚的贝克线，实验时应满足以下条件：

(1) 选用中倍(或高倍)物镜并适当缩小锁光圈；

(2) 将两介质的交界线移到视域中心；

(3) 两介质应直接接触且无其他杂质；

(4) 为了确定所观察矿物的折射率的大致范围，可选择矿物与树胶的接触界面。

实验时观察黑云母、萤石、微斜长石、石英及橄榄石等矿物的边缘、糙面、突起及贝克线，确定它们的突起等级。

表 3-2 列出了各种突起现象镜下的描述，实验中可以对照表 3-2 及图 3-8，仔细地进行观察对比，特别是可利用表 3-2 中列出的实例矿物进行比较分析，得到各观察矿物的相应的折射率值的大小，并对观察的矿物做出相应的描述。

（五）观察薄片中矿物的颜色、多色性与吸收性现象

矿物的颜色是因为吸收可见光中各色光的比例不同而呈现的。白光是由红、橙、黄、绿、蓝、青、紫七种不同频率的单色光按一定比例混合组成。根据混合-互补原理（图 3-10），对顶象限的两种颜色为互补色，两者等浓度混合就互相抵消呈现白色，而如果白光中某单色光被吸收减弱时，白光就转化为其对顶象限单色光的颜色。比如白光中的红光被吸收，就会显现绿光。

图 3-10　复色光的混合-互补原理

如果某一矿物对白光中的各单色光同等程度地吸收，则白光光源透过矿物后仍为白光，只是强度有所减弱，此时矿物不具有颜色，称为无色。如果矿物对白光中的各单色光不同程度地吸收，即有选择性地吸收一定频率的光波，则根据混合-互补原理，将呈现出矿物的颜色。

而多色性是因为非均质矿物的光学性质各向异性，对光的选择性吸收也会随着切片方向的不同而不同，故在单偏光系统下旋转载物台，有些非均质矿物的颜色会发生变化，呈现多色性；而这种多色性现象，造成了对透射光的吸收总量也随方向的变化而不同，其颜色的浓度也会发生深浅变化，这种现象称为矿物的吸收性。如黑云母矿物具有明显的多色性、吸收性现象（图 3-11）。

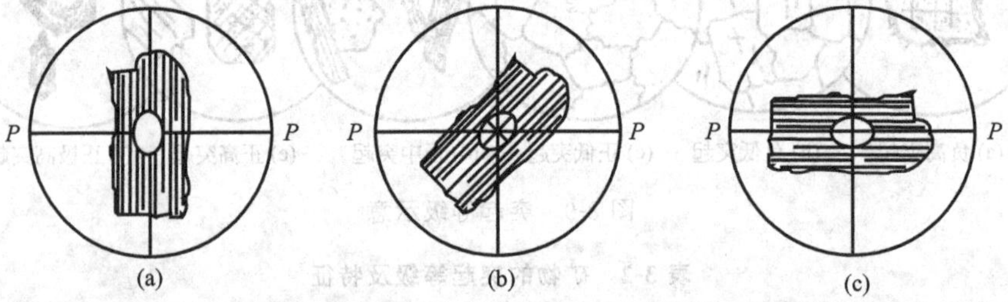

图 3-11　黑云母矿物的颜色及深浅变化

（a）解理缝垂直下偏光镜振动方向时，黑云母的颜色最浅（浅黄色）；

（b）解理缝斜交下偏光镜振动方向时，黑云母的颜色变深（深黄色）；

（c）解理缝平行下偏光镜振动方向时，黑云母的颜色最深（深褐色）

实验时观察薄片中黑云母、石英、萤石、角闪石等矿物的颜色；观察薄片中黑云母、电气石矿物多色性与吸收性现象。

多色性、吸收性的观察方法如下（以黑云母矿物为例）：

（1）寻找具有一组极完全解理的黑云母切面，并将它们移至视域中心；

（2）旋转物台一周，观察黑云母的颜色变化，记录它们最深和最浅时的颜色。

注意：在单偏光镜下只能够看到矿物颜色的变化，无法确定矿物是一轴晶还是二轴晶，也无法确定光率体椭圆半径的长短轴，因此还无法写出多色性、吸收性公式。光率体椭圆半径的长短轴在正交偏光镜可以确定，一轴晶还是二轴晶的确定要在锥光镜下才能进行。

（六）观察方解石的闪突起现象

有些矿物的双折射率较大，在单偏光镜下转动物台时，能够观察到矿物的突起等级有忽高忽低的现象，这种现象称为闪突起。

实验时观察方解石的闪突起。

其操作步骤如下：

（1）将方解石与树胶接触的边界移到视域中心；

（2）旋转物台，此时可见到方解石的突起现象时高时低，此即闪突起现象；

（3）在不同的突起等级下，利用贝克线的移动规律测定突起的等级，是正突起还是负突起，是高突起还是低突起。描述并记录这些现象。

四、实验注意事项

1. 不得动用与本次实验无关的显微镜部件和附件；

2. 薄片用完即放回薄片盒内，不要放在桌上、夹在书内，以免不慎带落损坏。

五、编写实验报告

1. 将上述观察内容的结果作详细记录并完成实验报告。

2. 回答下列问题：

（1）在同一薄片中，有解理的矿物，为什么有的切面上能见到解理缝？有的切面上见不到解理缝？

（2）突起的正负以什么为标准？它与边缘、糙面有何关系？它们的区别是什么？

（3）何谓多色性？吸收性？确定一轴晶和二轴晶矿物的多色性公式，需要选择什么样的切面？

附表　常见矿物的单偏光镜下特征

序号	矿物	简单素描	镜下特征
1	萤石		无色，粒状，边缘很明显且较宽，有时见几组斜交的解理
2	微斜长石		无色，柱状或粒状，边缘不明显
3	石英		无色，粒状，边缘不明显
4	橄榄石		无色，粒状，边缘很显著，可见裂纹，有时可见不完全解理
5	普通角闪石		有多色性，柱状切片有一组解理，菱形具有两组斜交解理
6	普通辉石		无色，柱状切片有一组解理，近方形具有两组近垂直解理
7	黑云母		有明显多色性，片状，有时可见极完全解理
8	电气石		有多色性，无解理，有裂纹，柱状
9	方解石	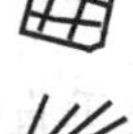	无色，有明显闪突起，有解理
10	失透石	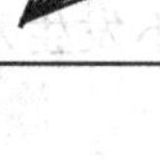	无色，呈放射状或扫帚状集合体

实验3 正交偏光镜下的观察

在单偏光的光学系统的基础上，推入上偏光镜，并使上、下偏光镜的振动方向互相垂直且与目镜十字丝方向（东西南北方向）一致。就形成正交偏光的光学系统。一般以 *PP* 代表下偏光镜的振动方向。*AA* 代表上偏光镜的振动方向。

由于正交偏光镜间观察的内容较多，实验分两次进行。

一、实验目的

1. 通过消光现象和干涉现象的观察，进一步理解矿物全消光和四次消光的原因。

2. 认识并掌握干涉色的级序、色序及各级干涉色的特征，掌握各种补色器的干涉色及其适用范围。

3. 学会用各种补色器测定光率体的轴名和方向，进一步掌握补色法则。

4. 学会用边缘色带法和石英楔子法测定矿物的干涉色级序。

5. 观察矿物的消光类型，学会测定矿物的消光角、延性符号、多色性与吸收性公式的方法。

6. 观察和认识几种双晶现象。

二、实验器材

1. NP-107B 型偏光显微镜一台。

2. 天然岩矿薄片：石英净砂岩、黑云母花岗岩、橄榄岩、萤石、角闪石、斜长石、微斜长石、石英⊥OA 薄片。

3. 工艺岩矿薄片：失透石。

三、实验内容及实验方法

（一）正交偏光显微镜间的准备工作

所谓正交偏光系统就是使上、下偏光镜同时进入显微镜的光路且振动方向互相垂直。由于镜下鉴定时一般以目镜十字丝的方向代表上、下偏光镜的振动方向。因此，还需确定偏光的振动方向，使其平行于目镜十字丝的方向。其方法如下：

(1) 将具有黑云母矿物的薄片置物台上，并用薄片夹夹住。

(2) 在单偏光镜下准焦，移动薄片，寻找具有一组极完全解理的黑云母矿物切面置于视域中心，然后旋转物台使其解理缝平行于目镜东西方向十字丝，此时黑云母的颜色最深，代表下偏光镜的震动方向与目镜东西方向十字丝平行。

(3) 拿走薄片、推入上偏光镜，若视域黑暗（或灰黑），则说明上、下偏光镜的振动方向正交且已与目镜十字丝平行；若视域不黑暗，调节上偏光镜的方向，直至视域黑暗（或灰黑）为止。此时的上偏光镜的震动方向与目镜南北方向十字丝平行。

（二）观察正交偏光镜间矿物的消光现象和干涉现象

矿片在正交偏光镜间呈现黑暗的现象，称为消光现象。分为全消光和四次消光现象。

1. 全消光现象的观察

在正交偏光镜间，放置均质体任意方向的切片或非均质体垂直于光轴的切片，因这两类切片的光率体切面都是圆切面，光波垂直这种切面入射时，不发生双折射，也不改变入射偏光的振动方向。因此，由于下偏光镜透出的振动方向平行 PP 的偏光，通过矿物切片后，光没有改变原来的振动方向，与上偏光镜的振动方向 AA 垂直，故不能透出上偏光镜，视域呈现黑暗，旋转载物台一周（360°），矿片的消光现象不改变，称为全消光（图 3-12）。

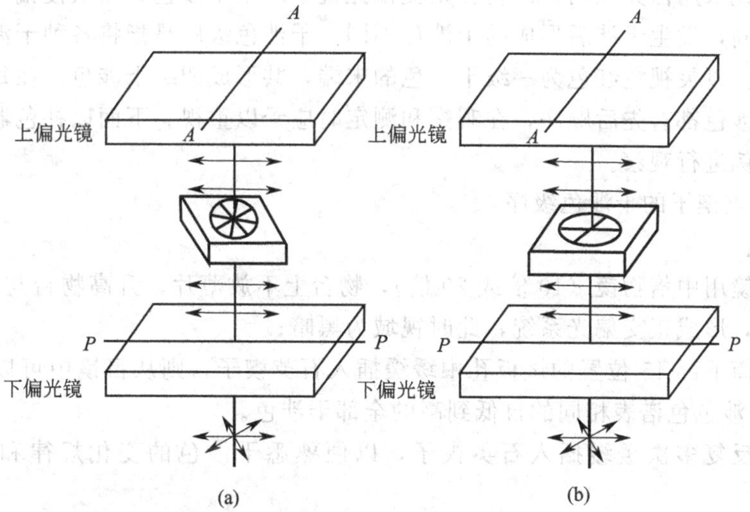

图 3-12　晶体薄片在正交偏光镜间的消光现象

其中非晶体物质及等轴晶系的晶体都属于均质体，在正交偏光镜下呈现全消光现象［图 3-12(a)］。实验时观察萤石（等轴晶系）、载玻片（非晶体）的全消光现象。

非均质体的垂直光轴的切片，其光率体为圆，因此光透出矿物后其振动方向还是平行于 PP 方向，到达上偏光镜后因其振动方向与上偏光镜的偏振方向垂直，故光不能透出上偏光镜，视域呈现黑暗［图 3-12(a)］。实验时观察石英⊥OA（光轴）切片的全消光现象。

2. 四次消光四次干涉现象的观察

非均质体除垂直光轴方向外的其他方向切面的薄片，由于这种薄片的光率体切面为椭圆切面，透过下偏光镜的偏光射入矿片时，必然要发生双折射，产生振动方向平行光率体椭圆切面长、短半径的两束偏光。当矿片光率体椭圆切面长、短半径与上、下偏光镜的振动方向 PP、AA 一致时［图 3-12(b)］，从下偏光镜透出的振动方向平行 PP 的偏光，可以透过矿片而不改变原来的振动方向（或者说 AA 方向分解的振动分量为零），当其到达上偏光镜时，因 PP 与 AA 垂直，透不过上偏光镜而使矿片消光。旋转物台一周（360°），光率体椭圆半径与上、下偏光镜的振动方向 AA、PP 有四次平行的机会，故矿物切片出现四次消光现象。

而当矿片光率体椭圆切面长、短半径与上、下偏光镜的振动方向 PP、AA 斜交时，透出下偏光镜平行 PP 的偏光进入矿片后，发生双折射，分解的形成振动方向分别平行于矿物光率体椭圆半径方向的两束偏光。到达上偏光镜后再度分解，其中有两束平行于上偏光镜偏振方向的偏光透出上偏光镜，因这两束偏光在矿物中的传播速度不同，透出矿物后产生了光程差，因此透出上偏光镜过程中，这两束偏光符合干涉条件，发生了干涉作用，形成了干涉色。这样的情况在旋转物台一周将出现四次，称为四次干涉现象。

实验时观察斜长石、石英、橄榄石等的四次消光四次干涉现象。

在转动物台的过程中，矿物由明亮逐渐变暗，到达最暗后即出现消光现象，此时的位置称为消光位；过了消光位又逐渐变亮，从消光位转45°，此时的干涉色最亮，观察矿物的干涉色最好是在这个位置进行。

（三）干涉色级序的观察

偏光显微镜采用白光照明，矿物在正交偏光镜下产生干涉色，因快慢偏光透过矿物后产生的光程差不同，发生干涉后形成的干涉色不同。干涉色级序是指将各种干涉色按光程差的由小到大排序，以灵视色红色为一级干涉色的末端，共形成四级干涉色。在每一级干涉色级序中，每一干涉色都有先后顺序，在观察和测定时应予以重视。下面以补色器石英楔形成的干涉色级序为例进行观察。

1. 观察石英楔子的干涉色级序

观察方法：

（1）显微镜用中倍物镜（10倍或20倍），物台上不放薄片，升高物台与物镜下方接近，推入上偏光镜，形成正交偏光系统，此时视域为黑暗；

（2）从镜筒下部45°位置的试板孔中缓缓插入石英楔子，则从目镜中可以观察到次序与米舍尔-列维干涉色色谱表相同的自低到高的全部干涉色。

实验时，反复多次缓缓插入石英楔子，以便熟悉干涉色的变化规律和各级干涉色的特征。

在观察时，可以一边观察，一边与附录中的干涉色色谱表进行对照；如果干涉色观察不清楚或颜色有些偏差，可以适当缩小锁光圈的大小。

2. 观察石膏（1λ）试板、云母（λ/4）试板的干涉色

石膏试板和云母试板与石英楔一样是偏光显微镜的常用补色器。石英楔可以连续形成四级干涉色，而石膏试板和云母试板形成固定的干涉色。

观察方法：

在正交偏光镜间不放任何薄片，分别将石膏试板和云母试板插入试板孔，熟悉其干涉色（石膏试板为一级紫红干涉色，云母试板为一级灰白干涉色）。

3. 补色器进行互相验证补色法则

利用三个常用的补色器可以相互验证补色法则，其实验方法为：

（1）利用石膏试板和云母试板一个放置在物台上，另一插入试板孔，分别形成同名轴平行或异名轴平行两种情况，观察干涉色的变化情况。在同名轴平行时，总光程差增加，干涉色升高，将在视域中观察到二级蓝干涉色；在异名轴平行时，总光程差减小，干涉色降低，可以观察到一级黄干涉色。

（2）利用石英楔验证石膏试板和云母试板的光率体椭圆半径方向。将石膏试板或云母试板放置在物台上，石英楔从试板孔缓缓插入。在异名轴平行的情况下，当石英楔插入到一定的位置，视域中会出现暗灰色的条带（称为消色带），此时石英楔与石膏试板或云母试板的光程差相同，因异名轴平行，总光程差为零。若设石英楔的光率体椭圆半径长短轴已知，就可以确定石膏试板和云母试板的光率体椭圆半径长短轴方向。

实验时完成补色器之间的相互验证。

（四）确定待测矿物颗粒的光率体椭圆半径的方向和名称

利用试板（也称补色器）根据补色法则，在正交偏光镜间可以确定矿物切片上光率体椭圆半径的方向和名称，实验方法如下：

（1）移动薄片将被测矿物颗粒置于视域中心，旋转物台使其达消光位，此时目镜十字丝

的方向即为光率体椭圆长、短半径的方向，如图 3-13(a) 所示；

(2) 由消光位旋转 45°，使矿物的干涉色最明亮，如图 3-13(b) 所示；

(3) 从试板孔插入试板并观察干涉色的升降变化，如图 3-13(c)、(d) 所示；

(4) 试板上光率体椭圆半径的方向和名称已知，因此，根据同名轴平行，干涉色级序升高，异名轴平行，干涉色降低的补色法则，就可以确定矿物的切面上光率体椭圆半径的名称；

(5) 为校对起见，可旋转物台 90°重测一次。此时出现的干涉色升降情况应与此前的情况相反。

实验时需注意以下几点：

(1) 应根据矿物切面上的干涉色选择合适的试板：一般矿物的干涉色在一级黄以下时，宜选用石膏试板；在一级黄以上时宜选用云母试板。

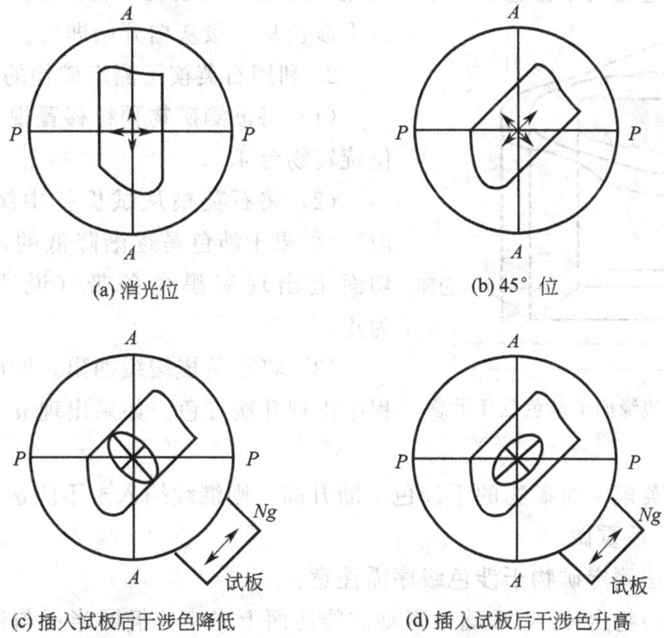

图 3-13 非均质体矿物光率体椭圆半径方向和轴名的测定

(2) 加入石膏试板可使矿物的干涉色升高或降低一个级序，干涉色的升高或降低以石膏试板的一级紫红干涉色为准。例如矿物的干涉色为一级灰白，则插入石膏试板后，当同名轴平行时，干涉色升高变为二级蓝；如异名轴平行时，则干涉色降为一级黄。加入云母试板可使矿物的干涉色升高或降低一个色序。干涉色的升降以矿物的干涉色为准。

(3) 因在正交偏光镜下尚无法确定矿物为一轴晶还是二轴晶，因此光率体椭圆半径暂时只能标注为 Ng、Np 或 $N'g$ 与 $N'p$。

实验时确定石英、斜长石矿物颗粒等的光率体椭圆半径的方向和名称。

(五) 测定矿物的干涉色级序及双折射率值

在同一晶体矿物薄片中，同一种矿物颗粒因切片方向不同，双折射率值的大小不同，呈现的干涉色级序高低也不同。最大双折射率比较大的矿物，不同的矿物颗粒可以呈现多个级别的干涉色，二级及以上的干涉色，会有相同或相似的视觉颜色，如二、三、四级干涉色中都有绿色，因此我们必须要确定其等级。另外在观察和测定一种矿物的干涉色级序，必须选择干涉色最高的颗粒，因为只有具有最高干涉色的矿物颗粒，才具有最大的双折射率值，且其值不变，具有鉴定意义。一般在鉴定时采用统计的方法，多测几个颗粒，取其中最高的干涉色。测定方法有边缘色带法和石英楔法。

1. 利用边缘色带法确定橄榄石矿物的干涉色级序

薄片中的矿物，其厚度一般从边缘向中央逐渐升高（类似石英楔子）。观察矿物边缘的色环出现几次红色的干涉色，如果出现 n 次红色，则矿物的干涉色级序为 $n+1$ 级。如图3-14所示，某矿物颗粒表面呈绿色干涉色，在其边缘有两条红色带，因此可以确定这个矿物颗粒的干涉色为三级绿色。

利用边缘色带确定矿物的干涉色级序时需要注意以下两点：

(1) 矿物颗粒最边缘的色带必须从一级灰白开始，否则判断不准确；

(2) 矿物颗粒边缘的干涉色圈一般不可能很完整，只要在矿物颗粒局部边缘的色圈完整且干涉色从一级灰白开始即可。

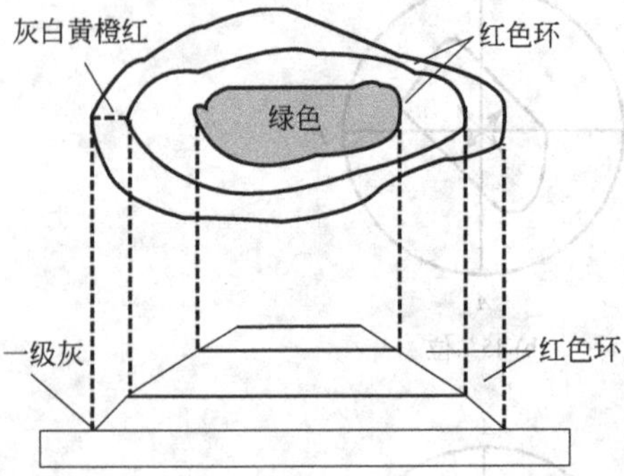

图 3-14 矿物薄片边缘的干涉色色环示意

2. 利用石英楔子测定矿物的干涉色级序

(1) 将欲测矿物颗粒移置视域中心，再由消光位旋转物台 45°；

(2) 将石英楔从试板孔中缓缓插入（薄端在前）。如果干涉色是逐渐降低的，则一直插至矿物切面上出现灰黑色条带（说明出现消色现象）为止；

(3) 将石英楔缓缓抽出，同时观察在抽出的过程中出现几次红色。如果出现 n 次红色，则矿物的干涉色为 $n+1$ 级；

如果在插入石英楔子时矿物的干涉色不断升高，则继续插入永不能达到消色，需抽出石英楔子转动物台 90°后重做。

利用石英楔子法测定矿物干涉色级序需注意：

(1) 自消光位转物台 45°需准确，否则矿物切面上光率体椭圆半径与试板上的光率体椭圆半径不重合，看不到消色现象或消色现象不清楚。

(2) 当插入石英楔子使矿物消色时，只能看到矿物切面的某一部分上有一条灰暗的条带，并非在全部面积上同时消色。

(3) 达到消色后，如果在抽出石英楔的过程中看不清红色条带出现的次数，可以改用以下方法：在达到消色后，拿掉薄片，此时视域中原消色带位置出现的干涉色就是矿物的干涉色，再慢慢抽出石英楔，观察红色条带的数目，就可以得到矿物的干涉色级序。建议初学者使用这个方法。在薄片中寻找干涉色级序高的多个矿物颗粒进行测定，便于统计最高干涉色。

如此对上述步骤反复做几次，以便对消色现象有较深的印象。

(4) 确定橄榄石矿物的双折射率。正交偏光镜间只能间接地确定矿物的双折射率。其方法如下。

① 确定矿物切面的光程差：测出矿物的最高干涉色（对应最大双折射率），在干涉色色谱表（在实验室）上找到相应的干涉色。其下方即为光程差。每种干涉色都有一定的宽度，

一般取其色带的中间值。

② 确定薄片厚度：一般标准薄片厚度为 0.03mm；但有时磨制薄片时的厚度没有控制好，这时如果要测定薄片的厚度，可以通过薄片中的一些熟知的矿物来进行测定。

③ 利用干涉色色谱表确定双折射率：已知光程差和薄片厚度后，可查干涉色色谱表确定双折射率。

实验时用石英楔测定橄榄石矿物的干涉色级序。应从薄片中寻找同一矿物具有最高干涉色的切面（对应最大双折射率）测定。因为每种矿物都有它特定的最大双折射率值，只有最高干涉色才能求出最大双折射率值，这可作为鉴定矿物的重要依据。

（六）观察矿物的消光类型，测定矿物的消光角

根据矿物切面上光率体（主）轴与结晶要素（晶棱、解理、双晶纹等）之间的关系，分为平行消光、斜消光、对称消光三种类型（图 3-15）。

① 平行消光：矿物消光时，其解理缝、双晶缝或晶体延长方向与目镜纵丝或横丝平行[图 3-15(a)]。主要见于一轴晶矿物和二轴晶斜方晶系矿物中，因为它们的光率体主轴与结晶轴平行一致。

② 斜消光：矿物切片消光时，其解理缝、双晶缝或晶体延长方向与目镜十字丝斜交[图 3-15(b)]。主要见于二轴晶单斜晶系和三斜晶系矿物中。对于一轴晶矿物和二轴晶斜方晶系矿物，当切面与三个结晶轴均斜交时，也呈现斜消光。

③ 对称消光：矿物切片消光时，目镜十字丝平分两组解理缝的夹角[图 3-15(c)]。

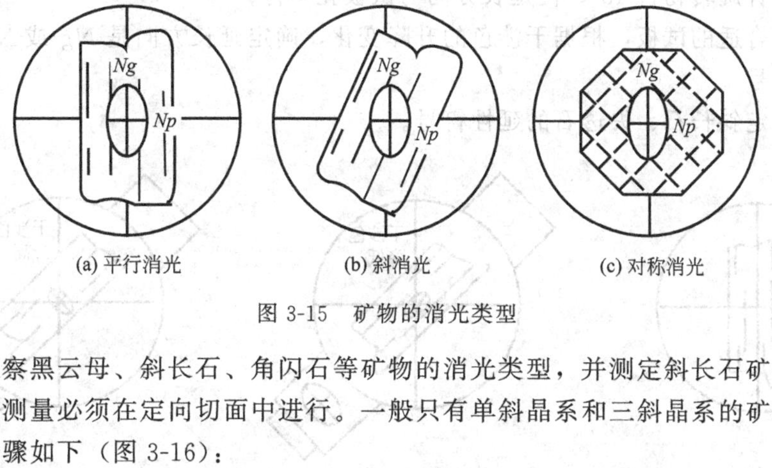

(a) 平行消光　(b) 斜消光　(c) 对称消光

图 3-15　矿物的消光类型

实验中观察黑云母、斜长石、角闪石等矿物的消光类型，并测定斜长石矿物的消光角。

消光角的测量必须在定向切面中进行。一般只有单斜晶系和三斜晶系的矿物需要测消光角，其测量步骤如下（图 3-16）：

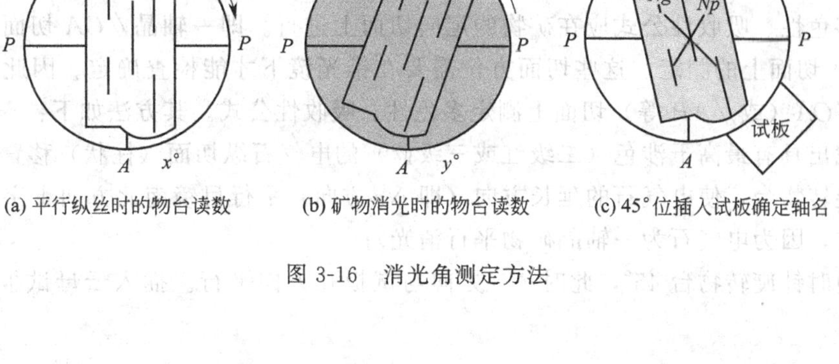

(a) 平行纵丝时的物台读数　(b) 矿物消光时的物台读数　(c) 45°位插入试板确定轴名

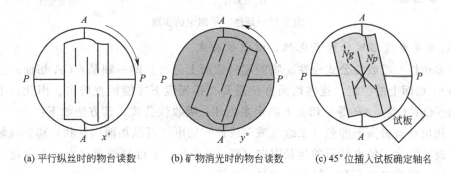

图 3-16　消光角测定方法

(1) 在正交偏光镜间找具有最高干涉色的切面移至视域中心；

(2) 将矿物的双晶结合面（斜长石）、柱面解理（角闪石、辉石）或柱面长晶棱（电气石）平行于目镜的南北十字丝，记下物台上刻度值 $x°$；

(3) 旋转物台使矿物达消光位，记下物台上刻度值 $y°$；

$$|x°-y°|=\text{消光角。}$$

(4) 旋转物台 45°，从试板孔插入合适的试板，根据干涉色的升高降低，确定矿物切片中原平行南北十字丝的光率体轴的名称（$N'g$ 或 $N'p$）；

(5) 记录消光角。斜长石的消光角记为 $N'p \wedge$ (010)；普通角闪石记为 $Ng \wedge C$（解理缝方向）；电气石记为 $Np \wedge C$。

为了测得准确的消光角数值，实验时应注意以下两点：

① 测量消光角前必须仔细校正中心；

② 消光位的确定要准确。可在消光位附近往复转动物台。逐渐减小摆动的幅度，直至找到一个最黑暗的位置。

（七）测定矿物的延性符号

延性符号是一些柱类、锥类或板状晶体的鉴定特征。对于斜消光的矿物。只要测定了消光角便能判断延性符号。对于平行消光的矿物，测定延性符号的方法如下（图 3-17）：

(1) 将一具有延长方向的矿物置于视域中心，使矿物的延长方向平行目镜的南北十字丝，此时矿物应消光；

(2) 逆时针旋转物台 45°，使延长方向与试板孔平行；

(3) 插入合适的试板，根据干涉色的升降变化，确定延长方向是 Ng 或 Np，从而确定矿物的延性符号。

实验时确定斜长石、失透石的延性符号。

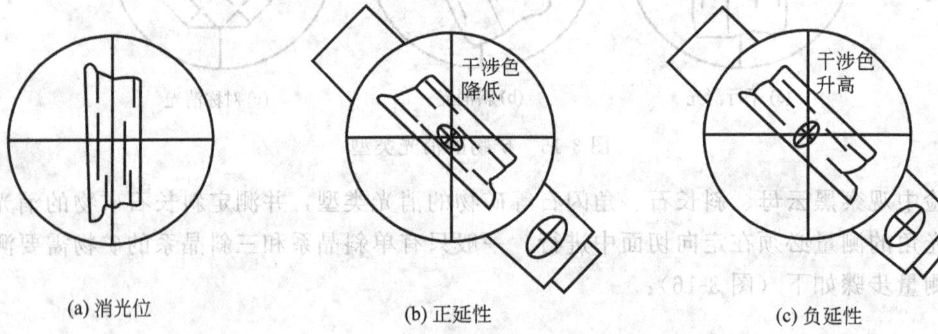

图 3-17 延性符号测定的步骤

（八）确定电气石矿物的多色性、吸收性公式

确定多色性、吸收性公式应在矿物的定向切面上进行。即一轴晶∥OA 切面；二轴晶∥AP 和⊥OA 切面上的测定。这些切面方位需要在锥光镜下才能检查确定。因此，本实验只是在近似∥OA（或∥AP 等）切面上测定多色性、吸收性公式。其方法如下：

(1) 找出具有最高干涉色（二级红或三级蓝）的电气石纵切面（柱状）移置视域中心；

(2) 旋转物台，使电气石的延长方向（即 Ne 方向）平行目镜南北方向十字丝（此时矿物达消光位，因为电气石为一轴晶矿物平行消光）；

(3) 逆时针旋转物台 45°，此时 Ne 方向与试板孔方向平行。插入云母试板确定 Ne 是

Ng 还是 Np；

(4) 再逆时针旋转物台 45°（此时为消光位且 $Ne /\!/ PP$），然后推出上偏光镜，此时呈现的即为 Ne 的颜色；

(5) 旋转物台 90°，这时呈现的是 No 的颜色。

写出电气石矿物的多色性与吸收性公式。

(九) 观察双晶现象

在正交偏光镜间，双晶中的各个单体由于消光不一致而呈现明暗相间的几个部分，中间具有平直的界线，这种现象是镜下双晶的特征。

实验时观察正长石（简单双晶）、斜长石（聚片双晶）、微斜长石（格子状双晶）及堇青石（轮式双晶）的双晶现象。

四、实验注意事项

1. 试板用完立即抽出放回镜头盒内。升降镜筒时，先检查试板孔内是否留有试板。若有则需抽出后方能升降；

2. 上、下偏光镜应严格正交。

五、编写实验报告

1. 将上述观察内容的结果作详细记录并完成实验报告。

2. 回答下列问题：

(1) 消光时或干涉色最亮时，光率体椭圆切面上的长、短半径各处于什么方位？

(2) 何谓干涉色？它是怎样产生的？无色透明矿物是否会有干涉色？为什么？

(3) 何谓消光？何谓消色？它们有何不同？各有什么用途？

(4) 为什么厚度均匀的薄片中，不同矿物的干涉色不同？而同一种矿物不同方向的切面其干涉色也不尽相同？

附录 矿物的镜下特征

1. 斜长石 板柱状、无色，边缘不明显；正交镜下能见到明显的双晶，其双晶结合面多为 (010)，最高干涉色达一级黄白。

2. 橄榄石 最高干涉色达三级，其余特征见实验二。

3. 普通角闪石 最高干涉色达二级底部，横切面对称消光，纵切面平行消光。

4. 电气石 最高干涉色达二级顶部或三级底部。其余特征见实验二。

5. 微斜长石 最高干涉色为一级灰白，常具有格子状双晶。余同实验二。

6. 堇青石 无色，边缘不明显；柱状或粒状；最高干涉色一级黄、常见有轮式双晶。

实验 4 锥光镜下的观察

一、实验目的

1. 掌握锥光镜系统的装置特点。

2. 掌握一轴晶、二轴晶主要切面干涉图的形态特征及变化规律。

3. 掌握利用一轴晶、二轴晶主要切面干涉图测定光性符号的方法。

4. 学会寻找各种类型干涉图的方法（据正交偏光镜间的干涉色）。

二、实验器材

1. NP-107B 型偏光显微镜一台。

2. 定向薄片：一轴晶——石英⊥OA、石英∥OA。

二轴晶——白云母⊥Bxa。

3. 一般薄片：一轴晶——石英砂岩。

二轴晶——橄榄石。

三、实验内容及实验方法

（一）锥光镜的装置

在正交偏光镜的基础上：

（1）换用高倍物镜（一般先用低、中倍物镜找好矿物再换用高倍物镜）准焦并严格校正中心；

（2）加入聚光镜并使系统上升至最高位置（注意：不要触及薄片）；

（3）加入勃氏镜或不加勃氏镜从镜筒中取出目镜。

（二）一轴晶干涉图形态的观察及其光性符号的测定

一轴晶光率体有垂直光轴、斜交光轴和平行光轴三种主要切面，在锥光镜下可以分别观察到三种不同的干涉图：垂直光轴干涉图、斜交光轴干涉图及平行光轴干涉图。

1. 观察一轴晶⊥*OA* 切面干涉图的形态特征并测定其光性符号

矿物⊥*OA* 的切面在正交偏光镜下的干涉色最低，即该矿物颗粒呈现全消光现象，在锥光镜下其干涉图形态特征如图 3-18 所示，实验使用石英⊥*OA* 的薄片为例进行，其观察及测定步骤如下：

① 将石英⊥*OA* 的薄片置视域中心并准焦；

② 换用锥光装置；

③ 仔细观察石英⊥*OA* 切面干涉图的形态特征［如图 3-18(a) 或图 3-19(a) 所示］，再连续旋转物台观察干涉图形态有无变化；

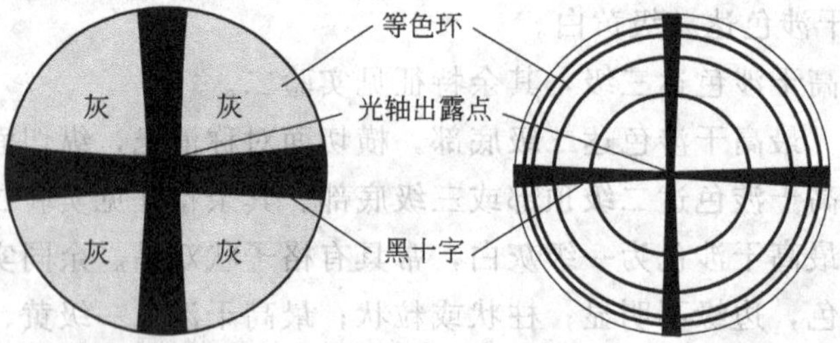

(a) 双折射率较小或厚度较薄的切面　　(b) 双折射率较大或厚度较厚的切面

图 3-18　一轴晶垂直光轴干涉图

④ 加入合适的试板，观察Ⅰ～Ⅲ象限或Ⅱ～Ⅳ象限的干涉色升降变化，确定石英矿物的光性符号。

如果使用石膏试板，石英⊥*OA* 切面观察到的现象如图 3-19(b) 所示；如果使用云母试板，现象如图 3-19(d) 所示；也即证明石英是一轴晶正光性的矿物。

对于其他矿物的一轴晶⊥*OA* 切面，其观察方法类似。如果矿物的双折射率值较小且是负光性矿物的话，加入试板后观察到的现象如图 3-19(c)、(e) 所示；如果矿物的双折射率值较大［图 3-18(b)］，加入石膏或云母试板后，干涉图中最中心色环的变化与图 3-19 相似，以此同样可以判断矿物光性的正负。

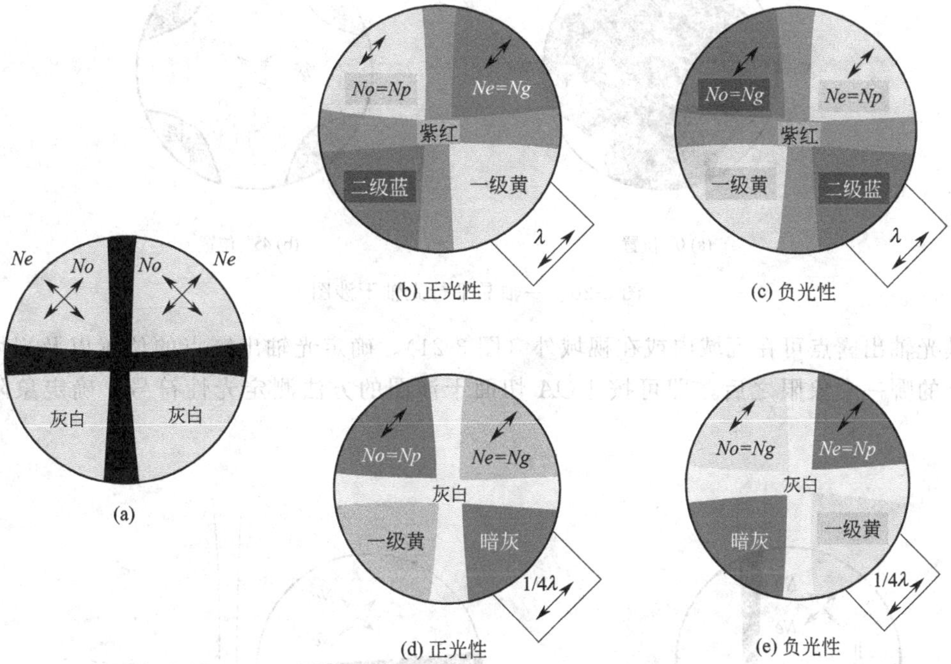

图 3-19　一轴晶垂直光轴干涉图光性符号测定方法

如果使用石英楔来测定，在石英楔慢慢插入试板的过程中，如果是正光性矿物会观察到Ⅰ～Ⅲ象限干涉色不断升高，干涉色色环不断从外向里移动；Ⅱ～Ⅳ象限干涉色不断降低，干涉色色环不断从里向外移动。如果是负光性矿物情况刚好相反。

实验时观察石英⊥*OA* 薄片的干涉图形态及测定其光性符号。

2. 观察一轴晶∥*OA* 切面干涉图的形态特征并测定光性符号

∥*OA* 的切面在正交偏光镜间的干涉色最高。在锥光镜下其干涉图的形态特征如图 3-20 所示。其观察及测定步骤如下：

(1) 将石英∥*OA* 的薄片置视域中心并准焦。

(2) 旋转物台使出现一个粗大模糊的黑十字，见图 3-20(a)。此时 *OA* 方向平行某一十字丝。

(3) 稍稍转物台（12°～15°）黑十字即从中心分裂成一对双曲线逸出视域，逸出方向为 *OA* 方向，因为干涉图变化迅速，因此此类干涉色也称为瞬变干涉图。当 DR 较大且位于 45°位置时，视域中出现对称的干涉色。

(4) 加入合适的试板，确定 *OA* 方向（即 *Ne* 方向）是快光（*Np*）还是慢光（*Ng*）即可确定光性符号（因 *OA* 方向已知，也可去掉锥光装置在正交镜间测定）。

实验时观察石英∥*OA* 薄片的干涉图形态，测定其光性符号。

注意：如果不知道矿物是一轴晶还是二轴晶时，不能使用此类瞬变干涉图测定光性符号，因为一轴晶、二轴晶都有瞬变干涉图。

3. 观察一轴晶斜交 *OA* 切面干涉图的形态特征并测定光性符号

一轴晶斜交 *OA* 切面的干涉图可视为⊥*OA* 切面干涉图的一部分。因斜交光轴角度的不

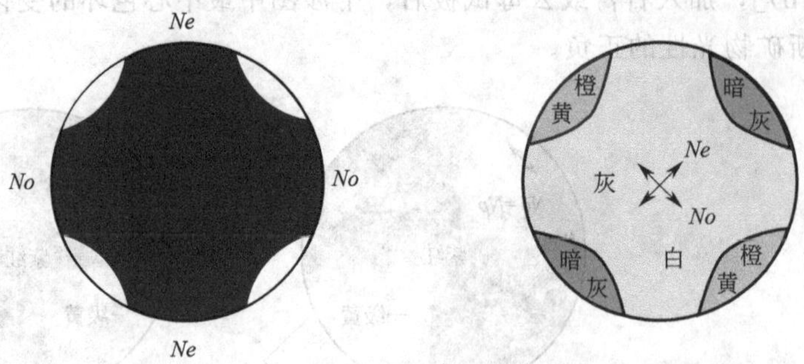

(a) 0° 位置　　(b) 45° 位置

图 3-20　一轴晶平行光轴干涉图

同，其光轴出露点可在视域内或在视域外（图 3-21）。确定光轴出露点的位置以及视域属于黑十字的哪一个象限之后，即可按⊥*OA* 切面干涉图的方法测定光性符号。确定象限的方法有：

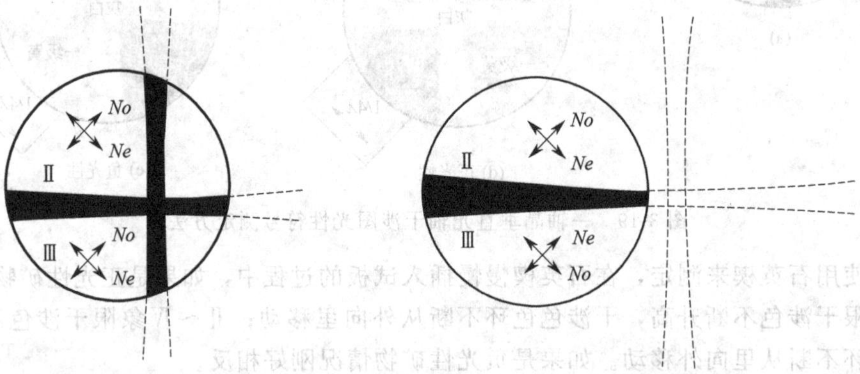

(a) 偏心光轴干涉图　　(b) 偏心干涉图

图 3-21　一轴晶斜交光轴干涉图

（1）黑臂的细端总是靠近光轴出露点；

（2）涉色色环总是凹向光轴出露点。

实验时在石英砂岩薄片中寻找斜交 *OA* 的切面（其在正交偏光镜间具中等程度干涉色），观察其干涉图形态特征、旋转物台时黑臂的移动规律并测定光性符号。

（三）二轴晶干涉图的形态特征及其光性符号的测定

1. 观察二轴晶⊥Bxa 切面的干涉图并测其光性符号

（1）将二轴晶⊥Bxa 薄片置于物台上并准焦。

（2）旋转物台观察⊥Bxa 切面干涉图的形态特征及其变化规律。

（3）转动物台并定位在 0°位干涉图［见图 3-22(a)］，观察和描述干涉图的形态特征。如果双折射率较小，目镜十字丝附近呈现一个黑十字，但黑十字的两条黑臂的粗细不等，四个象限出现一级灰白干涉色，沿光轴面方向的黑臂较细，在两个光轴出露点处最细，向两侧慢慢变粗；如果双折射率较大时还可见有以光轴出露点为中心的∞字形等色环。

（4）从 0°位转物台 45°，使干涉图成双曲线，其凸向为锐角区，凹向为钝角区，在锐角区和钝角区呈现灰白干涉色［见图 3-22(b)］；如果双折射率较大时∞字形等色环形状不变，

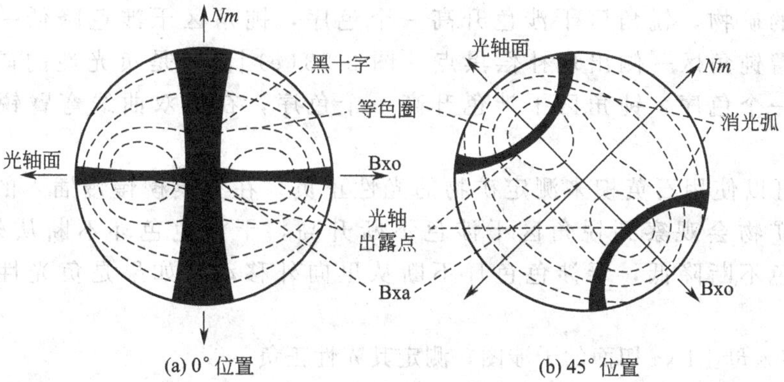

图 3-22　二轴晶垂直 Bxa 切面干涉图

整体转动 45°。

（5）根据干涉色的高低选择合适的试板，插入试板观察锐角区或钝角区内的干涉色的升降变化。判定 Bxa 方向是 Ng 还是 Np，从而确定白云母矿物的光性符号。测定方法如图 3-23 所示。

一般双折射率较小的矿物［图 3-23(a)］使用石膏试板进行测定。45°位插入试板后，如是正光性的矿物，锐角区干涉色升高一个级序，变成二级蓝，钝角区干涉色降低一个级序成一级黄［图 3-23(b)］；如是负光性的矿物，锐角区干涉色降低，变成一级黄，钝角区干涉色升高成二级蓝［图 3-23(c)］。

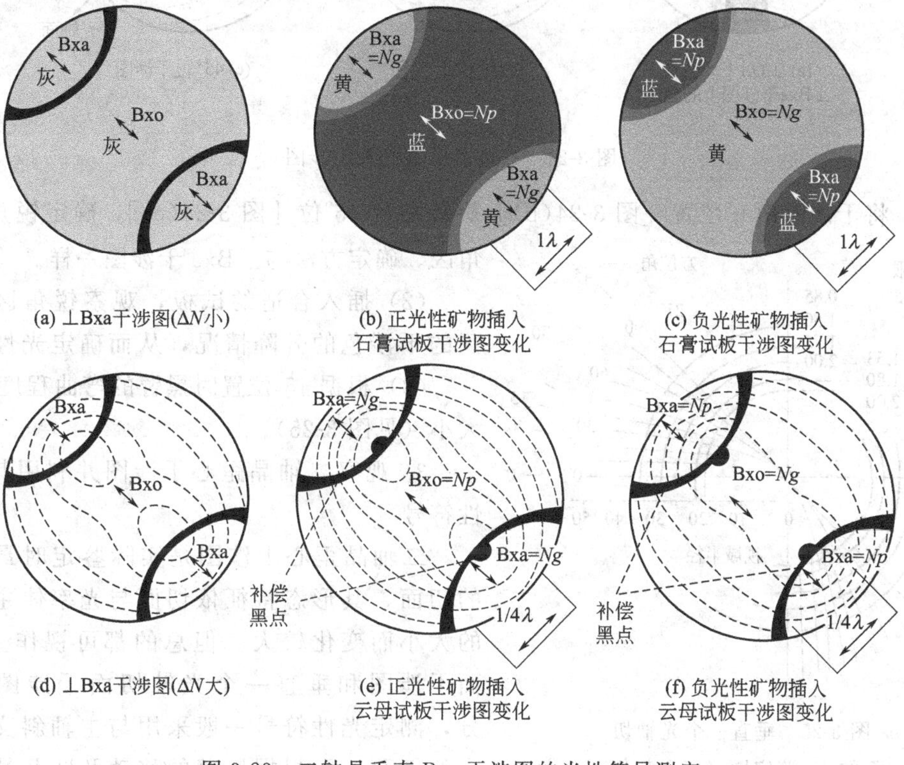

图 3-23　二轴晶垂直 Bxa 干涉图的光性符号测定

双折射率较大的矿物［图 3-23(d)］使用云母试板进行测定。45°位插入试板后，如是正光性的矿物，锐角区干涉色升高一个色序，钝角区干涉色降低一个色序，在原双曲线弯臂钝角区一侧出现补偿黑点［图 3-23(e)］；如是负光性的矿物，锐角区干涉色降低一个色序，钝角区干涉色升高一个色序，在原双曲线弯臂锐角区一侧出现补偿黑点。

另外也可以使用石英楔来测定矿物的光性正负。在石英楔慢慢插入的过程中，如果是正光性矿物会观察到锐角区干涉色不断升高，干涉色色环不断从外向里移动；钝角区干涉色不断降低，干涉色色环不断从里向外移动。如果是负光性矿物情况刚好相反。

实验观察云母⊥Bxa 切面的干涉图，测定其光性正负。

2. 观察二轴晶垂直一根光轴切面的干涉图

这种切面在正交镜间为全消光，其干涉图可视为⊥Bxa 切面干涉图的一部分［见图 3-24(a)］，当 DR 较大时，还可见有卵圆形干涉色环。这种切面测定光性符号和估计 2V 的步骤如下：

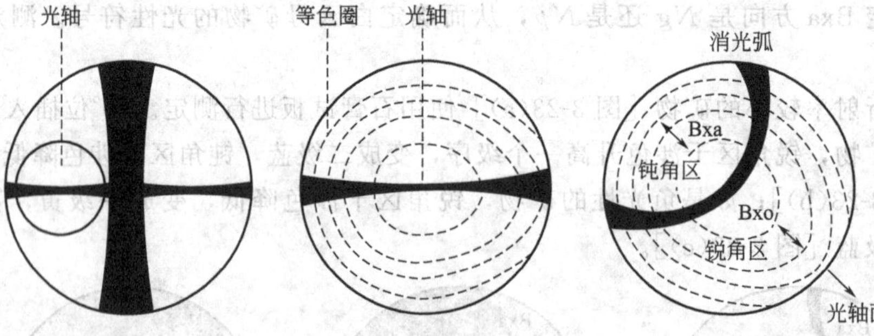

图 3-24 二轴晶垂直光轴干涉图

(1) 将干涉图由 0°位置［图 3-24(b)］旋转物台 45°位［图 3-24(c)］，确定锐角区和钝角区。确定方法与⊥Bxa 干涉图一样。

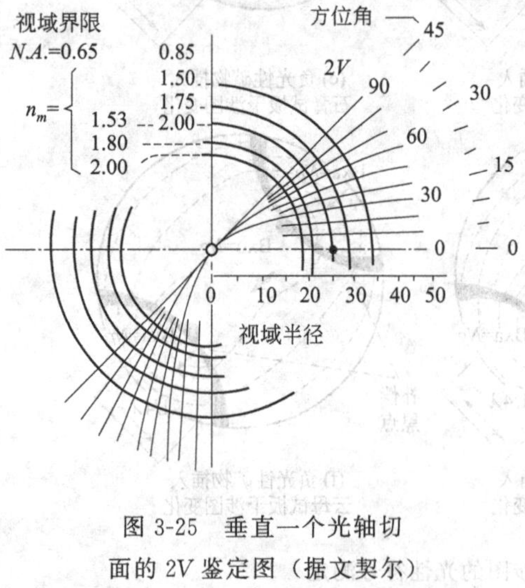

图 3-25 垂直一个光轴切面的 2V 鉴定图（据文契尔）

(2) 插入合适的试板，观察锐角区或钝角区的干涉色的升降情况，从而确定光性符号。

(3) 根据 45°位置时黑臂的弯曲程度估计 2V 大小（见图 3-25）。

3. 观察二轴晶歪心干涉图并利用其测定光性符号

二轴晶歪心干涉图是实际鉴定时最为常见的切面，其形态特征依切面与光率体主轴交角的大小而变化较大。但总的都可视作⊥Bxa 切面干涉图和垂直一个光轴切面干涉图的一部分，测定光性符号一般采用与主轴斜交角度较小的切面，即根据黑臂的移动及凹凸情况能够确定锐角等分线出露位置的切面。在这种切面中，测定光性符号的方法同⊥Bxa切面干涉图。

实验时在橄榄石薄片中寻找⊥*OA*的矿物颗粒及斜交光轴的矿物颗粒进行干涉图的观察和测定。

四、编写实验报告

1. 将上述观察内容的结果作详细记录并完成实验报告。

2. 回答下列问题：

(1) 确定矿物的轴性、光性，应选什么样的切面？它们在单偏光镜下、正交偏光镜下各有什么特点？

(2) 如何确定一轴晶斜交光轴切面干涉图光轴所在的象限？

(3) 哪些因素影响干涉图中等色环的疏密变化？

实验5 偏光镜下透明矿物的系统鉴定

矿物的系统鉴定，应包括矿物的定性、定量及显微结构的分析。本实验仅做矿物的定性即通过系统鉴定定出矿物的名称。

一、实验目的

系统地应用偏光显微镜下所有实验的原理和操作方法，详细描述一个矿物的主要光学性质。

二、实验器材

1. NP-107B型偏光显微镜一台。

2. 未知矿物薄片。

三、实验内容

1. 单偏光镜下

(1) 晶形。

(2) 解理：组数、发育程度、解理夹角。

(3) 轮廓、糙面、突起等级（并估计折射率的大致范围）。

(4) 颜色、多色性和吸收性。

2. 正交偏光镜下

(1) 最高干涉色及最大双折射率。

(2) 消光类型及消光角。

(3) 延性符号。

(4) 双晶。

3. 锥光镜下

(1) 根据有无干涉图确定均质体和非均质体。

(2) 根据干涉图类型，确定矿物的轴性。

(3) 测定光性符号。

最后查“光性矿物学”或教材附表，确定矿物名称。

四、编写实验报告

1. 将上述观察内容的结果作详细记录并完成实验报告。

2. 回答下列问题：

（1）如何判断矿物是均质体还是非均质体？

（2）如何判断矿物是一轴晶还是二轴晶？

（3）在一个薄片中有很多矿物颗粒，如何判断其是同一种矿物还是多种矿物？

第四章　专业岩相分析

实验1　反光显微镜的认识与调校

反光显微镜是研究不透明矿物晶体的光学性质的重要光学仪器，使用前熟悉其基本构造，调节和校正方法，对于得到正确的鉴定结果、充分发挥仪器的各种性能以及仪器的寿命都是十分重要的。

一、实验目的

1. 熟悉反光显微镜各部分的名称、位置、作用及使用方法。

2. 学会反光显微镜的调节、校正及其维护。

3. 学会目镜刻度尺刻度值的标定方法。

二、实验器材

1. 反光显微镜：NJF-120A 型金相显微镜。

2. 试样薄片：抛光合格的光片（样品的观察面与底面平行）、0.01mm 物台微尺、抛光板（抛光机）、压平机、橡皮泥。

三、实验内容及实验方法

（一）认识反光显微镜各部分的名称、位置、作用及使用方法

实验方法：由教师对照实物详细讲解，学生对照自己的显微镜加以认识。图 4-1 为宁波永新光学仪器有限公司生产的 NJF-120A 型反光显微镜。以下显微镜的认识与调校及使用均以此型号的显微镜为例加以介绍。

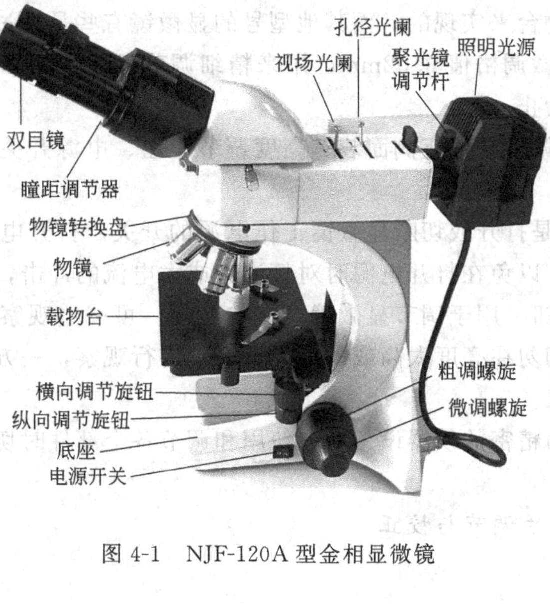

图 4-1　NJF-120A 型金相显微镜

NJF-120A 型反光显微镜由上至下各部件的名称及作用如下。

(1) 照明光源　为金相显微镜提供照明，内安装一个指定的 6V、20W 卤素灯泡，可以通过调节亮度调节旋钮改变其发光亮度。

(2) 聚光镜调节杆　用于调节视场内光线照明均匀度。

(3) 孔径光阑　用于改变入射光束孔径角的大小。当孔径光阑调节到入射光束刚好充满物镜时，图像的分辨能力为最佳，图像的衬度良好。需要注意的是更换物镜时，孔径光阑大小应做相应调整改变。

(4) 视场光阑　用于控制视场成像区域大小，减少镜筒内部反射光及眩光，从而提高图像的衬度，通常应将视场光阑调节到刚好充满目镜视域。

(5) 双目镜　放大倍数 10 倍，可用于双目同时观察显微镜中放大的图像。通过调节目镜下侧的视度调节旋钮，双眼可同时看清楚目镜中的物像。其中有一个目镜中带有刻度尺，可用于测量颗粒的大小。

(6) 瞳距调节器　因为每个人双眼的瞳距各不相同，瞳距调节器可以调节双目镜的距离，使之适应自己的瞳距。

(7) 物镜转换盘　外向四孔转换盘，在其上可以安装 4 个放大倍数不同的物镜，通过转动物镜转换盘将观察时所需要的放大倍数的物镜转入光路。

(8) 物镜　无限远平场消色差物镜，放大倍数为 4 倍、10 倍、20 倍及 40 倍。接装在物镜转换盘上，是显微镜的成像透镜，根据不同的需要使用不同放大倍数的物镜。

(9) 载物台　双层活动平台，尺寸 150mm×140mm，移动范围 75mm×50mm。其作用是放置观察的样品（光片），在载物台的右侧下方安装有一套纵向、横向调节旋钮。当要改变样品的观察部位，可以调节载物台下方的横向调节旋钮来改变载物台的左右位置，另外调节载物台下方的纵向调节旋钮可以改变载物台的前后位置。

(10) 横向调节旋钮　旋转横向调节旋钮可以改变载物台的左右位置。

(11) 纵向调节旋钮　旋转纵向调节旋钮可以改变载物台的前后位置。

(12) 粗调旋钮　旋转其可以大幅度升降物台，调焦范围 28mm。用以初步调节显微镜的工作距离，在目镜中看到图像后，可改用微调旋钮进一步调焦。NJF-120A 显微镜工作距离的调节是通过升降物台来实现的，而其他型号的显微镜有些是通过升降镜筒完成调焦。

(13) 微调旋钮　微调格值 0.02mm，用来精细调节显微镜的工作距离，在目镜中观察视域，直到图像清晰为止。

(14) 底座　在显微镜的底座侧面装有亮度调节旋钮、电源开关等部件，同时也对整个显微镜起支撑作用。

(15) 电源开关　是打开或切断显微镜工作电源的开关。打开电源开关前，一定要将亮度调节旋钮调到最小，以免在打开电源时对灯泡造成大电流的冲击，影响灯泡的寿命。

(16) 亮度调节旋钮　用于调节显微镜灯光的亮度。可一边观察视域一边调节亮度，直到视域中亮度适中。切勿在亮度太高或太低的情况下进行观察，一方面损伤眼睛，另一方面也影响图像观察的效果。

光学显微镜是较为精密的仪器设备，在使用和调节各个部件时切记动手要轻，以免损坏显微镜。

(二) 反光显微镜的调节与校正

1. 装卸镜头

① 装目镜：取下镜筒罩盖，将两个目镜（10×）插入镜筒上端，在打开电源并调节到适当亮度后，调节目镜视场调节圈及瞳距调节器，使目镜中的十字丝位于东西南北方向且双眼观察视场均清晰。

② 装物镜：将物台下降至最低位置，将物镜螺丝口对准物镜转换盘的丝口按顺时针方向轻轻旋转，直到拧紧为止，此时物镜被固定在物镜转换器上，分别接装 4×、10×、20×、40×的物镜。

2. 调节照明

① 打开视场光阑和孔径光阑，把 4×物镜转入光路，将物台上升到约距物镜 10mm 的位置。

② 将亮度调节钮转至最小，打开电源开关，调节亮度调节钮，使视场亮度适中。

3. 调节焦距

调节焦距也称为准焦，主要是通过调节显微镜的工作距离，使物像清晰可见，如果是初次使用，其步骤如下：

① 将光片的抛光面朝上置于载物台中心，调整物台（纵、横向）调节旋钮，使样品位于物镜的正下方。并且看到光线照在样品的合适区域。

② 从侧面看着 10×物镜，同时轻轻转动粗动螺旋，使物台上升到物镜下表面距离样品约 5mm 处。

③ 双眼于目镜中观察，同时反方向轻轻转动粗动螺旋，慢慢地下降物台，当视域出现物像时，再改用微动螺旋调节焦距，直到物像清晰为止。然后根据观察的需要，将其他倍数的物镜转到物台正上方。转动过程中听到一次咔哒声，物镜才转到正常位置。这样做既可以节省时间同时可避免因高倍镜工作距离短，而造成镜头与样品的挤压损坏。

表 4-1 为不同放大倍数物镜的工作参数。

表 4-1　不同放大倍数物镜的数值孔径与工作距离

物　镜	数 值 孔 径	工作距离/mm
4×	0.10	25.40
10×	0.25	11.00
20×	0.40	6.06
40×	0.65	3.70

4. 调节视场光阑

打开视场光阑时，其边缘应与视域边缘重合，当尽量缩小视场光阑时，光阑圈的小亮圆的中心应能与目镜十字丝交点重合，如有偏斜，可调节视场光阑的中心校正螺丝，直至小亮圆点对准目镜十字丝交点为止。

5. 调节孔径光阑

孔径光阑的作用有两个：一为挡去射向视域边缘有害的漫反射光线；二为调节视域中光线的亮度，控制影像的反差。一般在高倍镜下观察时，为了增大物镜的光孔角，提高显微镜的分辨力，要适当放大孔径光阑；在低倍镜下观察时，为了增强影像的反差，可以适当缩小孔径光阑。

（三）标定目镜微尺的刻度值

目镜微尺是一块长为 1cm 且分成 100 等分的刻度尺，它从目镜的上部透镜即可观察到。但是目镜微尺每个等分小格代表的实际长度，随物镜放大倍数的不同而不同。因此，对每个物镜，都需分别标定目镜微尺每一小格所代表的实际长度。其标定方法如下：

① 在目镜筒中换上带有刻度尺的目镜；

② 将物台测微尺（长为 1mm 等分 100 小格，格值为 0.01mm 的刻度尺）置于物台上并准焦；

③ 移动物台测微尺，使其刻度与目镜微尺平行且零点对齐；

④ 仔细观察两个刻度尺在什么地方再重合，数出在该长度内两刻度尺各自占有的格数；

⑤ 根据 $\frac{\text{物台测微尺的格数}}{\text{目镜微尺的格数}}\times 0.01\text{mm}$ 计算出该放大倍数下目镜微尺每一小格所代表的实际长度。

知道了目镜微尺每一小格所代表的实际长度后，就可以测定矿物颗粒的大小。

实验时分别标定物镜为 4×、20×（或 25×）、40×（或 45×）时，目镜微尺每小格所代表的实际长度，然后化为以 μm 为单位，以备测量矿物粒径用。

四、编写实验报告

1. 将上述观察内容的结果作详细记录并完成实验报告。

2. 回答下列问题：

(1) 为何正置式金相显微镜观察样品的上、下表面要保持互相平行，才能保证视域成像清晰？

(2) 使用物台微尺测量目镜微尺刻度值时应注意什么问题？

实验 2　硅酸盐水泥熟料的显微结构分析

一、实验目的

1. 认识硅酸盐水泥熟料的几种主要矿物，学习反光显微镜下采用化学浸蚀研究硅酸盐水泥熟料的方法。

2. 通过硅酸盐水泥熟料中各矿物的显微结构特征的观察，分析熟料形成的生产工艺条件和过程。

3. 学习目估法估计各矿物的百分含量。

二、实验器材

反光显微镜一台；恒温养护箱、抛光板（或金相抛光机）、刚玉粉（细度 W1～W3）、熟料光片、蒸馏水、1% NH_4Cl 水溶液、1% HNO_3 酒精溶液、无水乙醇、电吹风、滤纸、秒表。

三、实验内容及实验方法

实验前复习教材有关内容并预习实验指导书。

（一）准备试样

对制备好的试样，因空气中的水分会与矿物发生水化反应，以致观察时模糊不清。因此观察前要将光片在抛光机或抛光板上重新抛光，保证熟料中的各矿物都能清晰成像。对于划痕较多的光片要重新细磨后再抛光。

（二）光片不侵蚀观察

(1) 方镁石的特征：方镁石矿物一般呈多边形颗粒（自形晶），也有骨骼状等他形晶出现。矿物的表面略呈粉红色，由于矿物的硬度大，有突起的感觉。

(2) 孔洞：由于磨片时孔洞被白色 Al_2O_3 磨料填充，在镜下孔洞的边缘极不规则，表面很像白色的云彩（Al_2O_3 粉填充物）。

（三）光片用蒸馏水浸蚀后观察

此条件下一般观察游离氧化钙（f-CaO）、黑色中间相。

1. 游离氧化钙（f-CaO）的特征

一次游离 f-CaO 多呈凹下的圆粒状，有的成片聚集，有少部分会包裹于 A 矿中，有的呈细分散状态。

硅酸盐水泥熟料中的游离氧化钙可分为一次游离 f-CaO 和二次 f-CaO 两种。由原料中的 $CaCO_3$ 分解生成。且在煅烧过程中未和其他组分发生反应而残存于熟料中的死烧 CaO，称为一次游离 CaO，它的晶体尺寸较大，常聚集成堆分布；由于熟料慢冷或还原气氛使 A 矿分解产生的氧化钙称为二次游离 CaO，它的晶体尺寸非常细小，常与 B 矿相间分布于 A 矿的周围及内部。

2. 黑色中间相的特征

黑色中间相一般是指反射率较低的铝酸盐矿物，在不使用氟、硫矿化剂的熟料中，在蒸馏水浸蚀后呈蓝色、棕色，常有以下形态。

(1) 点滴状：呈现为极细小的点状微晶，常见于正常煅烧且快速冷却的高质量的熟料中。

(2) 长条状：多见于碱含量高的熟料中。

(3) 片状：常出现在冷却速率慢或用煤量过多的熟料中，有时它还包裹点滴状定向排列的 B 矿（常出现在立窑煅烧的严重还原性气氛的白色及棕色熟料中）。

(4) 矩形：常见于冷却速率较慢，含铝量较高的熟料中。

（四）光片用 1% NH_4Cl 水溶液浸蚀后观察

一般观察 A 矿、B 矿、C 矿和熟料的整体显微结构。

(1) A 矿的特征：正常煅烧的熟料中，A 矿为柱状或六角板状的自形晶，经化学浸蚀后为色调深浅不同的蓝色或深棕色。当生产工艺出现不同程度的异常情况时，A 矿会呈现出解现象，A 矿的形态会呈不规则的板状，港湾状。

(2) B 矿的特征：常见为圆粒状，随着煅烧温度、窑内气氛、冷却速率的不同，表面会有一组或两组双晶纹。此外还可见有杨梅状、手指状、树叶状、脑状等特殊形态的 B 矿晶体。

(3) C 矿的特征：多呈他形，有时也形成长柱状结晶充填于 A、B 矿之间。反射率较黑色中间相高，而呈亮黄色。

(4) 各种熟料矿物认识清楚后，用目估法估计出熟料中 A 矿、B 矿中间相（包括 C_4AF、C_3A、f-CaO、方镁石、玻璃相等）的百分含量。

（五）根据熟料中矿物组成和岩相结构，判明熟料的生产工艺条件

推断主要根据熟料中各矿物相的形态特点、分布情况、各矿物相的相对含量及其相互之间关系。

1. 推断煅烧温度正常与否

正常煅烧的优质熟料为均细变晶结构，特征是 A 矿和 B 矿结晶完整，大小均齐，分布均匀，中间相占 20%～30%左右。A 矿为板，柱状自形晶，其大小 20～30μm 左右。含量约占 50%～65%以上。

若煅烧温度过高或熟料在烧成带停留时间过长，则形成过烧熟料。岩相结构是 A 矿晶

体粗大，有些可达数百微米，呈长柱状，游离氧化钙少，气孔率低。

若煅烧温度偏低而形成的欠烧熟料，熟料中矿物结晶细少，A矿明显偏少，B矿颗粒小，中间相含量也少，各矿物分布不均匀。

若物料急速受热，则形成急烧熟料，其特点是熟料颗粒外层为正常熟料结构，而内部则为欠烧熟料结构，结构不均匀。

2. 判断水泥熟料的冷却制度正常与否

急速冷却熟料岩相特征：①A矿晶体发育良好，晶体边棱整齐光洁；②B矿颗粒较圆，有两组细而密的双晶纹；③黑色中间相析晶成较小的点滴状、点线状及无定形颗粒状；白色中间相晶体细小，难以辨认；④熟料因内应力胀裂而脆性大，易磨性好。

慢冷熟料岩相特征：①A矿晶体发育不规则，晶体边棱圆钝，形成港湾状及花环状A矿。比较大的A矿由于温度高低的反复作用，产生重结晶作用出现环带构造；②B矿形状不规则，双晶纹粗而短，有些B矿已分裂成手指状或叶片状；③黑色中间相结晶成柱状及片状，白色中间相常呈显晶质晶体出现，在MgO含量高的熟料中能见到多边形颗粒状方镁石晶体。

3. 判断回转窑内的煅烧气氛正常与否

正常熟料是在微氧化气氛下进行的。若窑内出现氧气不足，在不同程度还原气氛下烧成，则会出现黄心料、绿心料等不同颜色及致密度的熟料。

根据上述内容的观察判断水泥生产原料的质量，生料细度和均化程度，生料配料率值对熟料矿物组成和岩相结构的影响。

四、编写实验报告

1. 将上述观察内容的结果作详细记录并完成实验报告。

2. 回答下列问题：

(1) A矿、B矿各有哪些不同形态？各自在什么生产工艺条件下形成？

(2) 正常煅烧熟料与异常生产工艺条件下煅烧熟料在矿物形态和显微结构方面有什么显著差异？

附录1

表1　硅酸盐水泥熟料的浸蚀剂和浸蚀条件

<table>
<tr><th></th><th>试剂名称</th><th>浸蚀条件</th><th>显形的矿物特征</th></tr>
<tr><td rowspan="5">常用浸蚀剂</td><td></td><td>不浸蚀，直接观察</td><td>方镁石：较高突起、周围有一暗边呈粉红色
金属铁：反射率极强、亮白色</td></tr>
<tr><td>蒸馏水</td><td>20℃ 2～3s</td><td>游离f-CaO：呈彩色
黑色中间相：呈蓝色、棕色</td></tr>
<tr><td>1%氯化铵水溶液</td><td>20℃ 8s</td><td>A矿：呈蓝色、少数呈深棕色
B矿：呈浅棕色
f-CaO：呈彩色麻面
黑色中间相：灰黑色
白色中间相：不受浸蚀</td></tr>
<tr><td>1%硝酸酒精溶液</td><td>20℃ 3s</td><td>A矿：呈深棕色
B矿：呈浅棕色
f-CaO：受轻微浸蚀
黑色中间相：深灰色</td></tr>
<tr><td>10%氢氧化钾水溶液</td><td>30℃ 15s</td><td>黑色中间相：呈蓝色、少数呈棕色
白色中间相：不受浸蚀</td></tr>
</table>

续表

	试剂名称	浸蚀条件	显形的矿物特征
特殊浸蚀剂	10%氢氧化锌水溶液	30℃ 15s	黑色中间相(含高铁玻璃):呈蓝色、棕色 白色中间相:不受腐蚀
	40% HF 蒸气熏	把光片置瓶口上熏 10～30s,然后用吹风机吹 30min,以免腐蚀镜头	A矿:浅棕色 B矿:呈鲜艳的蓝色 f-CaO:不受浸蚀 黑色中间相:浅灰色 (注:此试剂能很好地把阿利特中的贝利特包裹体和由阿利特分解出来的二次贝利特鉴别出来)
	1%硼酸酒精溶液	20℃ 10s	A矿:呈黄色 f-CaO:呈彩色

附录 2

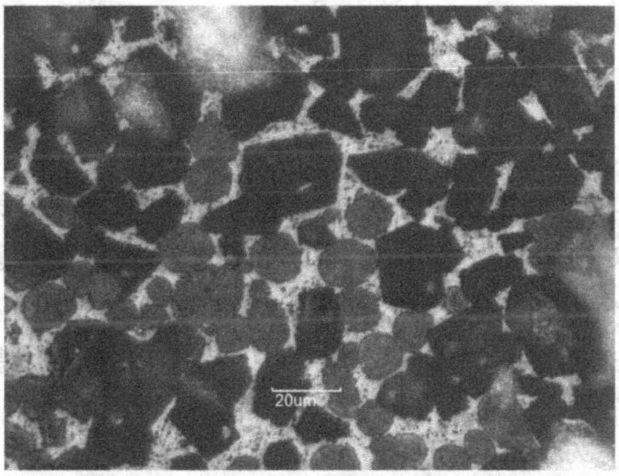

图1 40% HF 蒸气

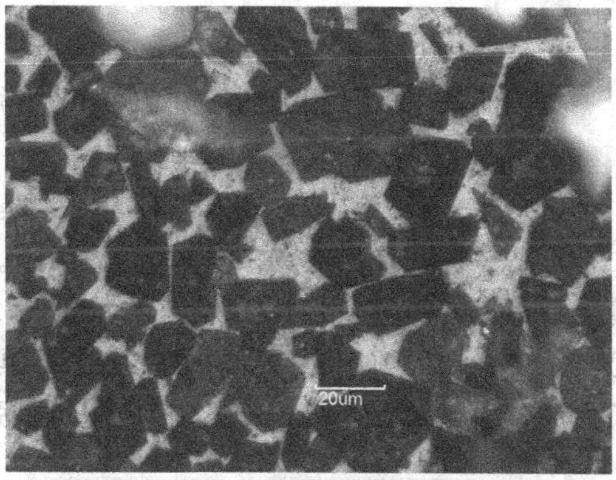

图2 1% NH_4Cl 水溶液

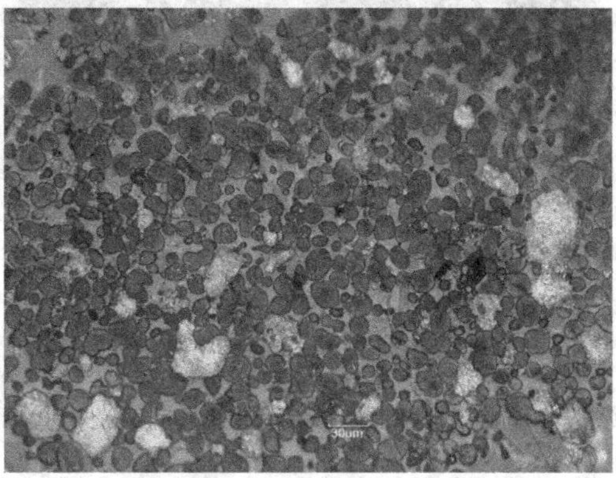

图3 水

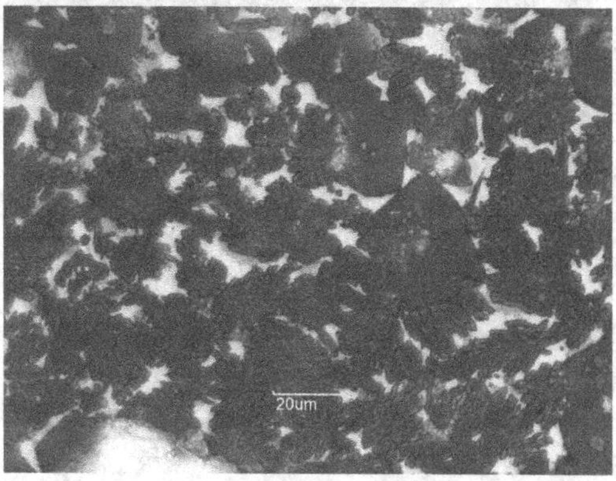

图4 40% HF 蒸气

图 1 中棕色板状、规则柱状为 A 矿晶体，蓝色圆粒状是 B 矿晶体，在周围分布有白色及黑色中间相。

图 2 中棕色板状、规则柱状为 A 矿晶体，在周围分布有白色及黑色中间相。

图 3 中彩色圆粒状是成片集中分布的游离氧化钙矿巢。

图 4 中棕色板状 A 矿晶体，蓝色较大颗粒为手指状 B 矿晶体集中分布。B 矿发生分解现象。

实验3　高压电瓷岩相分析

一、实验目的

1. 认识高压电瓷的矿物。
2. 学会用直线法测定矿物的百分含量。
3. 通过高压电瓷岩相的观察，分析生产工艺方面存在的问题。

二、实验器材

1. 偏光显微镜、刻度尺目镜。
2. 高压电瓷薄片。
3. 机械台。

三、实验内容与实验方法

实验前复习教材相关内容并预习实验指导书。

（一）高压电瓷主要矿物组成

（1）莫来石　晶体形态有两种，一种是鳞片状（一次莫来石）在显微镜下看不清楚。第二种形态是针状（二次莫来石），晶体细小。莫来石的数量与工艺制度和配方有关。在一般情况下，正常的电瓷坯体莫来石的数量为25%～30%。若过烧电瓷，则莫来石变成粗晶。尤其是在气孔周围容易见到，常呈莫来石巢，莫来石含量减少。在电瓷中一次莫来石重结晶长大成二次莫来石（图4-2）会使电瓷机械强度降低。

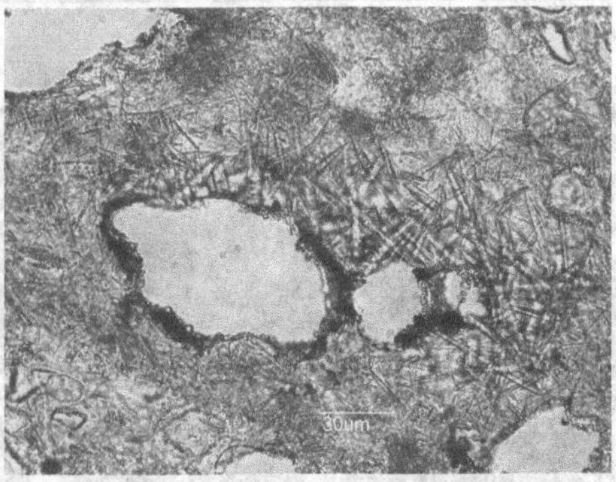

图4-2　二次莫来石（单偏光400倍）

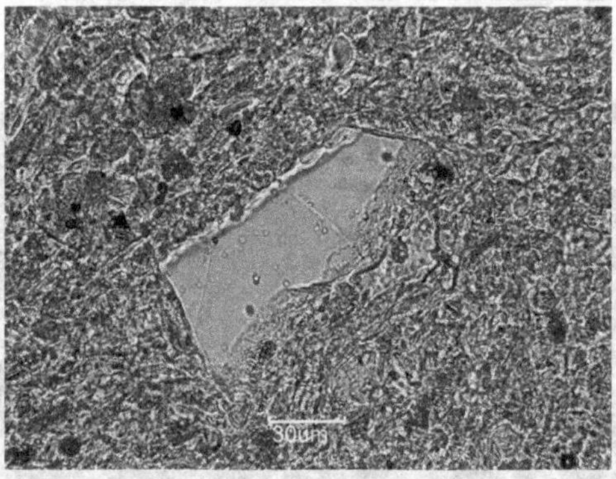

图4-3　石英颗粒边缘出现熔蚀带（单偏光400倍）

如图4-2所示，在电瓷坯体气孔（灰色区域不规则形状）周围分布有二次结晶的针状莫来石晶体。图4-3中大颗粒石英的边缘与周围液相发生反应，在其边缘有一定宽度的熔蚀带。

（2）残余石英　石英尖锐的颗粒边缘被熔蚀使棱角变成圆钝，石英颗粒边缘出现熔蚀带（图4-3），石英熔蚀带窄说明石英熔解较少，熔蚀带宽表明石英熔入液相量较多。生烧的瓷体，残余石英数量较多，且石英边缘尖锐，没有熔蚀带或熔蚀带很窄，过烧陶瓷则相反。

（3）方石英　常在石英边缘有一部分转变为方石英，有时整个石英颗粒都转变为方石英。留下石英假象，方石英为等轴晶系，在石英边缘为粒状颗粒。

（4）玻璃相　有长石质、黏土质、石英质玻璃相充填在晶相之间。正常电瓷玻璃相的含量一般在 35%～60%。

（5）气孔　形状为圆形、椭圆形或不规则形状。正常电瓷气孔率越低越好，一般仍有 1%～3%的气孔。在偏光显微镜下穿过薄片的气孔，为无色透明（树胶充填），未穿过薄片的气孔，则为黑色（研磨时污染的），在正交偏光镜下都是全消光。

（6）电瓷釉　是涂在电瓷外面的覆盖层，主要为玻璃相。其厚度约为 0.1～0.4mm。若釉厚度不均，则会引起电阻不均匀分布，影响绝缘性能。

图 4-4 中不同粒径石英颗粒的边缘与周围液相发生反应，在其边缘有一定宽度的熔蚀带。

如图 4-5 所示，呈灰白色的颗粒都是残余石英。

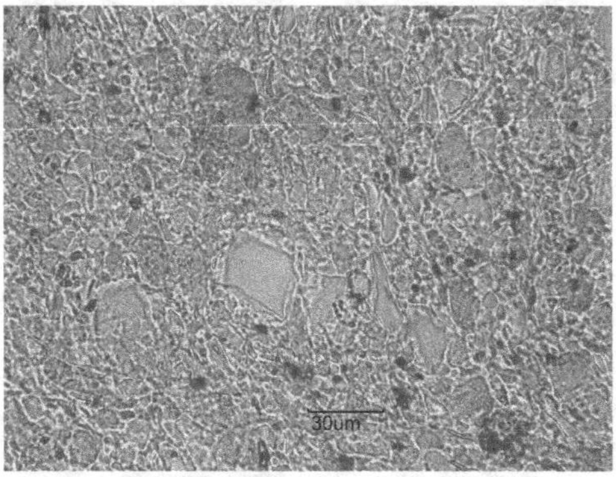

图 4-4　边缘周围的熔蚀带（单偏光 400 倍）

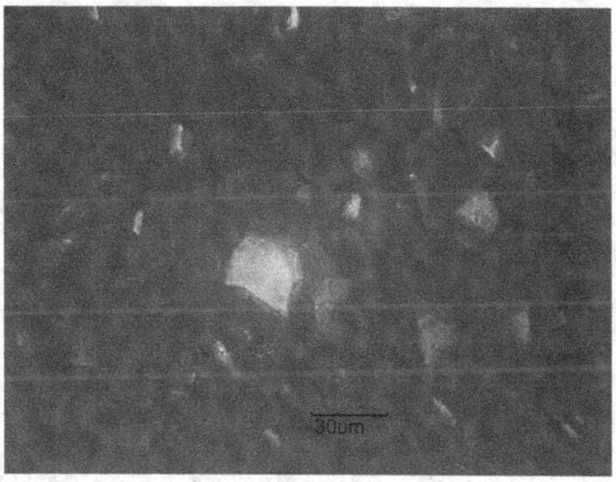

图 4-5　残余石英（正交光 400 倍）

（二）直线法测定矿物百分含量

根据薄片中各矿物总长度之比约相当于其面积之比，而矿物面积之比又相当于其体积之比。测定的直线长度越长，矿物的总长度之比越接近于它们的体积比。一般认为，测定的直线总长度必须达到矿物颗粒平均粒径的百倍以上。

测定方法：使用目镜刻度尺和载物台。用带有刻度尺的目镜来观察矿物颗粒所占的格数，将同种矿物所占的格数相加在一起，并记录下来。扭动载物台的横向调节旋钮，使薄片向左移动至第二个视域。用同样的方法计算矿物所占的格数，直到第一测线计算完成。扭动载物台的纵向调节旋钮，使薄片向下移动至第二测线。线与线的距离以粒度大小而定，一般线距约相当于矿物的平均粒径。如此测定第三、第四……测线。直到测完整个薄片。用统计平均数值来表示矿物所占格数的百分数，格数百分数与体积分数成正比。计算公式为：

$$V_A=\frac{L_1+L_2+L_3+\cdots+L_n}{NL}\times 100\%$$

式中　V_A——欲测矿物的体积分数；

$L_1+L_2+L_3+\cdots+L_n$——该矿物在各测定直线上所截的格数；

N——测定直线的总条数；

L——目镜刻度尺中一条测定直线的总长度，通常为 100 格。

练习利用直线法测定石英矿物的百分含量。

四、完成实验报告

1. 将上述观察内容的结果做详细记录并完成实验报告。

2. 回答下列问题：

（1）高压电瓷的主要成分有哪些？如何判断高压电瓷的烧成状况？

（2）用直线法测定矿物百分含量的注意事项是什么？

第五章 热 分 析

实验1 差 热 分 析

一、目的要求

1. 掌握差热分析的原理及方法。

2. 了解差热分析仪的构造，学会操作技术。

3. 用差热分析仪测定 $CaSO_4 \cdot 2H_2O$ 的差热图，根据所得到的差热谱图分析样品在加热过程中发生变化的情况。

二、实验原理

许多物质在加热或冷却的过程中都会发生物理或化学等的变化，如相变、脱水、分解、氧化或化合等过程，同时，必然伴随有吸热或放热现象。当我们把这种能够发生物理或化学变化并伴随有热效应的物质，与一个对热稳定的、在整个变温过程中无热效应产生的基准物（或叫参比物）在相同的条件下加热（或冷却）时，在样品和基准物之间就会产生温度差，通过测定这种温度差可了解物质变化规律，从而确定物质的一些重要物理化学性质，称为差热分析（Differential Thermal Analysis，DTA）。

差热分析是在程序控制温度下，测量物质和参比物的温度差与温度关系的一种技术。当试样发生任何物理或化学变化时，所释放或吸收的热量使试样温度高于或低于参比物的温度，相应地在差热曲线上可得到放热或吸热峰（如图 5-1 所示）。

差热分析仪中，将两支同类型以相反方向串联起来的热电偶热端分别插入样品和参比物中，其冷端按线路连接信号放大器。参比物是一些在测试的温度范围内无热效应发生的惰性物，如 Al_2O_3、MgO 等。在恒速升温过程中，当样品与参比物的温度相同时，两支热电偶所产生的热电势互相抵消，电势信号为零，即 $\Delta T=0$，在差热曲线上是一平直的基线。当样品发生化学或物理变化时，样品和参比物之间就存在温度差，此时 $\Delta T \neq 0$（见图 5-1）。样品温度低于参比物时是吸热效应，样品温度高于参比物时是放热效应，曲线都偏离基线。热效应发生完毕，体系又回复到 $\Delta T=0$。这样在整个升温过程中得出一条温度差 ΔT 随温度 T 变化的曲线，为差热曲线或差热谱图，如图 5-1 所示。峰的起始温度是特征反应温度。峰的面积相当于反应热，它与样品用量成正比。峰的形状提供了反应动力学的信息。

三、仪器结构及工作原理

本实验使用德国耐茨公司生产的 STA409EP 型热分析仪，仪器的照片见图 5-2。仪器的工作原理见图 5-3。差热分析仪由加热炉、样品支持器、温差热电偶、程序温度控制单元和记录仪组成。

(1) 加热炉 由炉膛、发热体等组成，是仪器的加热部件，可在程序控温下实现升温、降温及保温等功能。要求炉内有均匀温度区，使试样、参比物均匀受热；炉体热容量小便于调节升、降温的速率，控温精度高；炉子体积小，重量经，便于操作和维修。

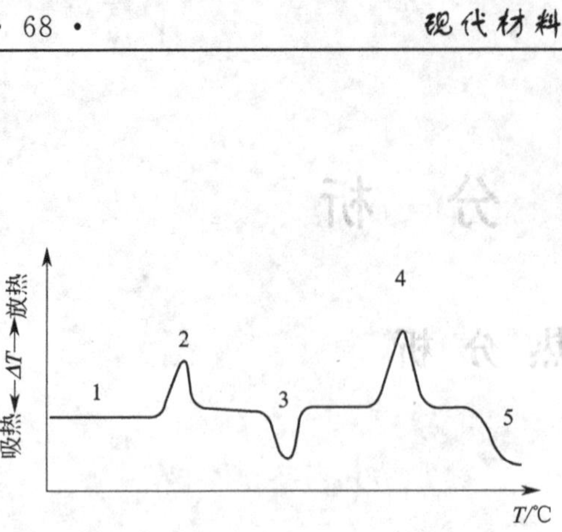

图 5-1　差热曲线示意
1—基线；2，4—放热峰；3，5—吸热峰

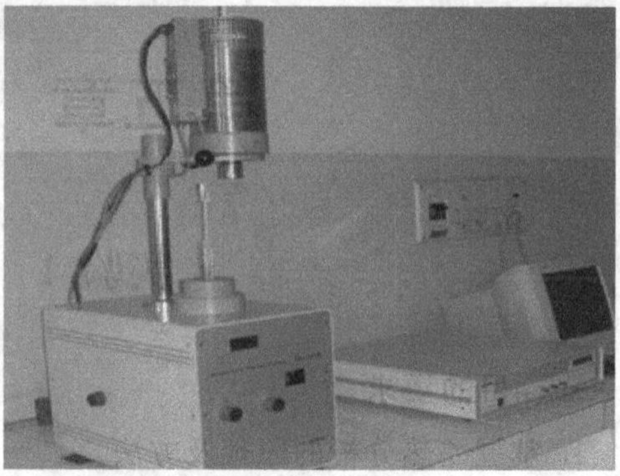

图 5-2　STA409EP 型热分析仪

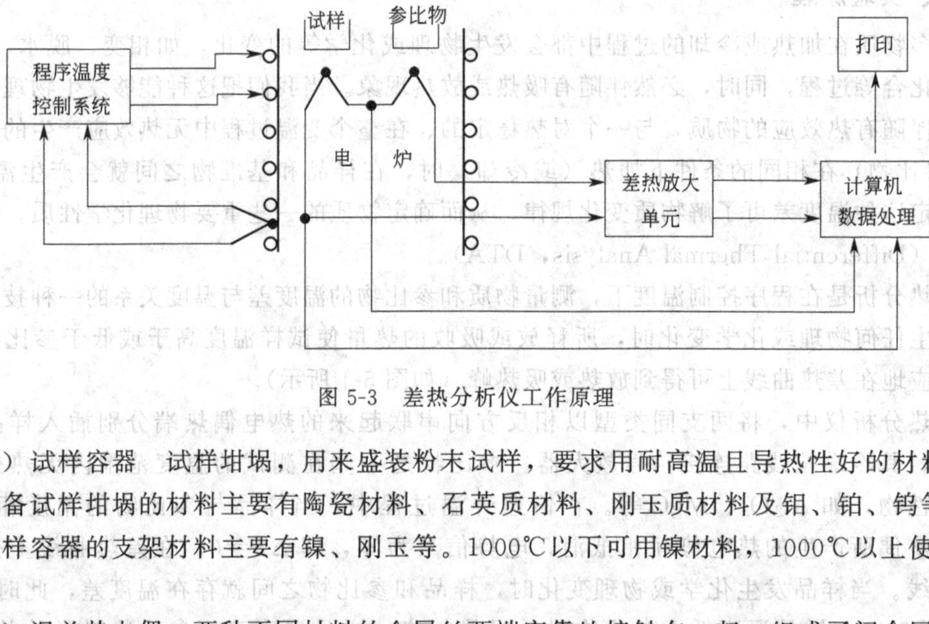

图 5-3　差热分析仪工作原理

（2）试样容器　试样坩埚，用来盛装粉末试样，要求用耐高温且导热性好的材料制成。用来制备试样坩埚的材料主要有陶瓷材料、石英质材料、刚玉质材料及钼、铂、钨等材料。支撑试样容器的支架材料主要有镍、刚玉等。1000℃以下可用镍材料，1000℃以上使用刚玉支架。

（3）温差热电偶　两种不同材料的金属丝两端牢靠地接触在一起，组成了闭合回路，当两个接触点（称为结点）温度 T 和 T_0 不相同时，回路中即产生电势，并有电流流通，这种把热能转换成电能的现象称为热电效应，这种装置称为热电偶。将两个反极性的热电偶串联起来，就构成了可用于测定两个热源之间温度差的温差热电偶。温差热电偶的两个热端分别与试样和参比物接触，如果两者存在温度差，则在温差热电偶上就有电流流通，从而可测定试样与参比物的温差。

（4）程序温度控制系统　用来控制与调节温度的装置，可通过一定的程序来调节升温或降温过程以及升温、降温的速率。升降温速率调节范围为 1～100℃/min，但常用的为 1～20℃/min。

（5）记录系统　用于记录及储存差热分析的数据。目前的差热分析仪器均配备计算机及相应的软件，可进行自动控制、实时数据显示、曲线校正、优化及程序化计算和储存等，因而大大提高了分析精度和效率。

四、差热曲线的分析方法

差热曲线的分析究其根本就是解释差热曲线上每一个峰谷产生的原因，从而分析出被测样是由哪些物相组成的。

1. 峰谷产生的原因分析

峰谷产生的原因有如下几种。

(1) 含水矿物的脱水：矿物脱水时表现为吸热，出峰温度及峰谷大小与含水类型、含水多少及矿物结构有关。

(2) 相变：物质在加热过程中所发生的相变或多晶转变多数表现为吸热。

(3) 物质的化合与分解：物质在加热过程中化合生成新矿物表现为放热，而物质分解表现为吸热。

(4) 氧化与还原：物质在加热过程中发生氧化反应时表现为放热，发生还原反应时表现为吸热。

2. 标准曲线对比法

矿物的差热曲线有单一物相的曲线和复相矿物的曲线。复相矿物的差热曲线等于各单一物相的差热曲线的叠加。在进行差热曲线的分析时，可将所做的差热曲线与标准矿物的差热曲线进行对照，若两者的峰谷形状、大小及温度彼此对应相等，可认为所测样品为标准样品所代表的物质。值得指出的是，矿物的本身及实验条件对差热曲线峰谷的形状及温度有较大的影响，在进行分析对比时，应仔细考虑这些影响因素，并结合试样的来源、化学成分解释清楚曲线上每一个峰谷所产生的原因。

五、实验内容

1. 完成 $CaSO_4 \cdot 2H_2O$ 的差热图的测定，对实验现象作详细记录并完成实验报告。

2. 回答下列问题：

(1) 有哪些原因可以产生差热曲线的吸热峰？

(2) 影响差热曲线的因素有哪些？

实验 2 综合热分析

一、实验目的与任务

1. 了解 DSC 仪器装置、使用方法，掌握用 DSC 曲线鉴定矿物的方法。

2. 学习热重分析的基本原理。

3. 学习综合热分析的仪器装置及实验技术。

4. 掌握综合热分析的特点和分析方法。

二、基本原理与分析方法

1. 差示扫描量热分析结构原理

差示扫描量热法（DSC）是在程序控制温度下，测量加入试样与参比物之间的能量差（功率差或热流差）随温度或随时间变化的一种实验技术。

外加热功率补偿式差示扫描量热仪的特点是在试样和参比物容器下各装有一组补偿加热丝。当试样在加热过程中由于热反应而出现温差 $\Delta T \neq 0$ 时，通过差热放大电路和功率补偿放大器使流入补偿热丝的电流发生变化。例如当试样吸热时，补偿放大器给试样侧热丝功率 E_s 增大；当试样放热时，则给参比物侧热丝功率 E_r 增大；直至两边热量平衡，温差 ΔT 消失为止。换言之，试样在反应时所发生的热量变化，由于及时输入电功率而得到补偿，因而消除了试样与参比物之间的温差。与 DTA 比较，试样和参比物间无热传递，大大提高了仪器的灵敏度与测量的精确度。

差示扫描量热法的另一个特点是以能量为单位来记录反应热量。曲线离开基线的位移代表吸热或放热的速度，波峰和波谷的面积代表热量的变化。因此，DSC 分析除能进行 DTA 所能分析的各种项目外，还能直接测量等温或变温状态下的反应热。

2. 热重分析的基本原理

热重分析法（TG）是在程序控制温度下，测量物质的质量随温度变化的一种实验技术。许多物质在加热过程中会在某特定温度下发生分解、脱水、氧化、还原和升华等等物理化学变化而出现质量变化，这种质量变化的特点随着物质的结构及组成而异。记录这种物质质量随温度变化的关系曲线即为热重曲线（TG 曲线），它是研究物质的热变化过程和鉴别加热过程中各种物相的依据。

热重分析的仪器与其他热分析仪的主要差别是有一个称量质量变化的热天平及其控制电路。图 5-4 示出了零点式工作状态热重分析原理图。

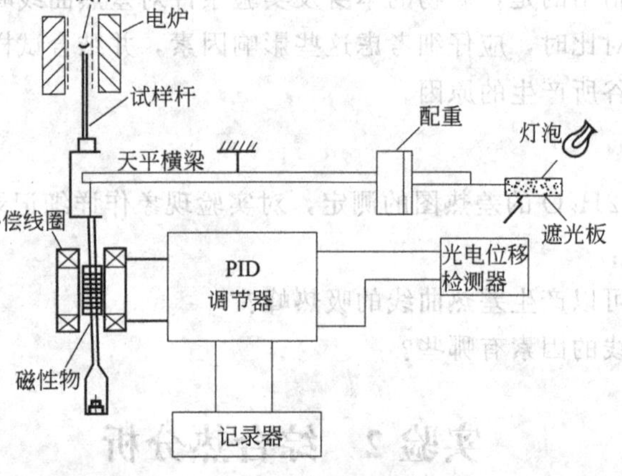

图 5-4　热重分析原理

3. 综合热分析的原理与特点

综合热分析是指几种单一的热分析技术相互结合成多元的热分析法。也就是将各种单功能的热分析仪相互组合在一起变成多功能的综合热分析仪，如 DTA-TG、DSC-TG、DTA-TG-DTG 等。这种多功能综合热分析的特点是在完全相同的实验条件下，也就是在一次实验中可同时获得样品的多种热变化信息。因此，综合热分析具有极大的优越性而被广泛采用。

三、分析方法

1. DSC 的分析方法

各种物质由于它们的组成、结构不同，和 DTA 曲线一样，它们的 DSC 曲线也是不同的。根据 DSC 曲线峰谷的数目、出峰温度以及峰谷的形状大小就可以鉴定物相。同时矿物的 DSC 曲线与 DTA 曲线其外貌基本相似，鉴定物相的方法完全相同。

2. 综合热分析的分析方法

由综合热分析的基本原理可知，综合热分析曲线就是各单功能热分析曲线测绘在同一张记录纸上。因此，综合热分析曲线上的每一单一曲线的分析与解释与单功能仪器所作曲线完全一样，各种单功能标准曲线都可作为综合热分析曲线的标准，分析解释时可作为参考。另外，在解释综合热分析曲线时，下面一些基本规律值得注意：

（1）产生吸热效应并伴有质量损失时，一般是物质脱水或分解，产生放热效应并伴有质量增加时，为氧化过程。

（2）产生吸热效应而无质量变化时，为晶型转变所致；有吸热效应并有体积收缩时，也可能是晶型转变。

（3）产生放热效应并有体积收缩，一般为重结晶或新物质生成。

（4）没有明显的热效应，开始收缩或从膨胀转变为收缩时，表示烧结开始，收缩越大，烧结进行得越剧烈。

四、实验步骤

使用梅特勒公司生产的 TGA/DSC1/1600HT 型综合热分析仪进行实验，图 5-5 为仪器的照片。

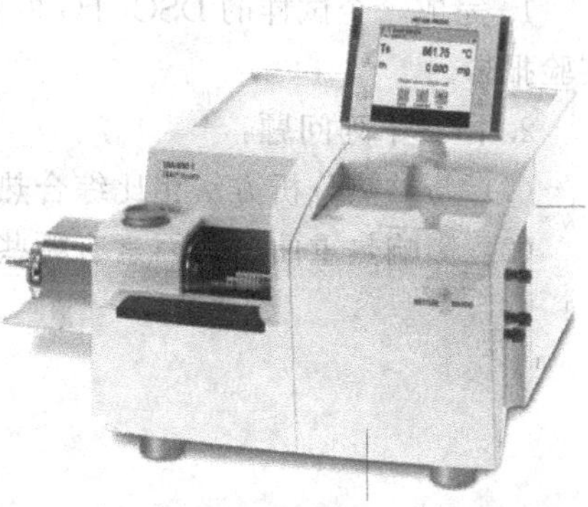

图 5-5 TGA/DSC1/1600HT 型综合热分析仪

（1）开机：打开低温恒温槽电源开关，开启电源，20min 后才能打开仪器开关。

（2）打开氩气瓶：打开高纯氩气瓶主阀门，开主阀门前，确保副阀门逆时针旋松；主阀门打开后，沿顺时针方向慢慢旋紧副阀门，使副压表的压力达到 0.2MPa，但一定不能超过 0.2MPa。

（3）打开电脑输入用户名、密码，进入操作界面。

（4）控制仪器保护气体流量为 20～60mL/min。

（5）点击打开仪器分析程序（图 5-6），选择适合的方法，填写样品名称，点击发送实验。

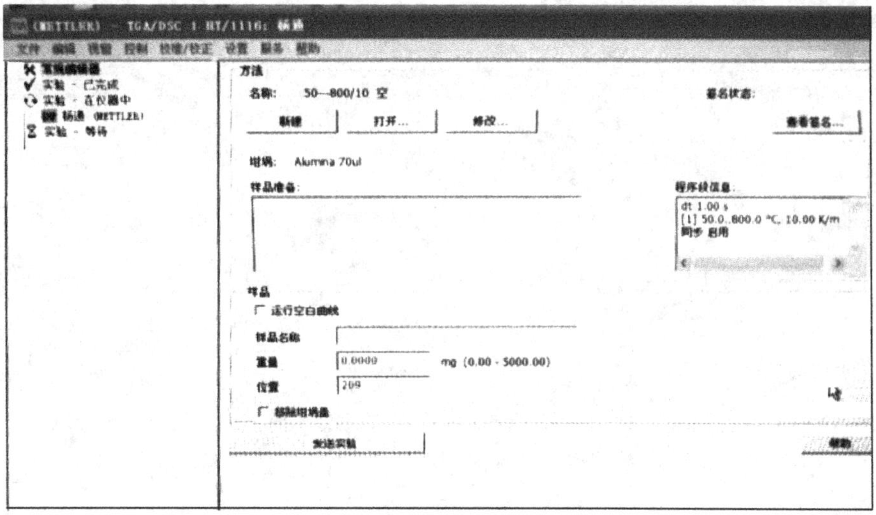

图 5-6 仪器分析程序操作界面

(6) 在触摸屏上轻按“furnace”，打开炉体，用镊子把空坩埚轻轻放在右边的样品台上，再轻按“furnace”，关上炉体，清零，打开炉体，取出坩埚，把样品放入坩埚，再把此坩埚轻轻放在样品台上，待读数稳定，出现等待放入样品时，填写样品数量，点击开始，样品进入检测阶段。

特别注意此步骤一定要非常小心地操作，不能按压样品台；坩埚掉入炉体务必报告，且不要关闭炉体，否则影响实验结果和损坏仪器。特别注意不要触碰传感器。

(7) 实验结束后，待炉体温度低于 150℃时取出样品坩埚，待温度降至实验温度以下，可以继续进行下个实验。所有样品测试完毕后，等温度降至 150℃以下，即可关闭恒温水槽、TGA/DSC 电源开关及保护气体。

(8) 关机：全部实验结束后，先关闭电脑，然后逆时针方向旋松氩气瓶副阀门，最后顺时针方向拧紧气瓶主阀门，完成关机。

五、实验内容

1. 完成一个试样的 DSC/TG 的测定，对实验现象作详细记录、分析实验结果，并完成实验报告。

2. 回答下列问题：

(1) 与差热分析方法相比综合热分析方法有什么优势？

(2) 影响热重曲线的因素有哪些？

第六章　红外光谱分析

实验 1　红外光谱仪的结构、工作原理及操作

红外光谱分析，是利用红外光谱对物质分子进行的分析和鉴定，一般会采用红外光谱仪进行分析。因此，使用前熟悉红外光谱仪的基本结构、工作原理及操作，对于得到正确的测定结果及充分发挥仪器的各种性能是十分重要的。

一、实验目的

1. 掌握红外光谱的基本知识。
2. 了解红外光谱仪的基本结构。
3. 了解红外光谱仪的工作原理。
4. 学会操作红外光谱仪。

二、实验器材

红外光谱仪：Nicolet 380 型。

三、实验内容及实验方法

（一）红外光谱的基本知识

1. 红外光谱的形成

当用一束红外线（具有连续波长）照射一物质时，该物质的分子就要吸收一部分光能，并将其变为另一种能量，即分子的振动能量和转动能量。因此若将其透过的光用单色器进行色散，就可以得到一条带暗色的谱带。如果以波长或波数为横坐标，以百分吸收率或透过率为纵坐标，把这个谱带记录下来，就得到了该物质的红外吸收光谱图。分析人员可以通过红外光谱谱带的数目、位置、形状和强度的特征来获得被测物质的结构信息。由于红外光谱表示的是物质对某一波段红外线的吸收，因而也叫红外吸收光谱。

红外线可分成三个区域，即近红外区、中红外区和远红外区，如表 6-1 所示。之所以这样分类是由于在测定这些区域的光谱时所用的仪器不同以及从各区域获得的知识各异的缘故。

表 6-1　红外光的分类

名　称	区　域	波　长/μm	波　数/cm⁻¹
近红外	照相区	0.75～1.3	13333～7700
	泛音区	1.3～2	7700～5000
中红外	基本振动区	2～25	5000～400
远红外	转动区	25～1000	400～10

红外区的波长 λ 多用微米（μm）表示，但习惯上常用波数 σ 表示，单位为 cm^{-1}，两者的关系是：

$$波数=\frac{10^4}{波长} \tag{6-1}$$

红外光谱法最初是用于有机化学领域的。由于它具有“分子指纹”的突出特点，而被广泛用于分子结构的基础研究和化学组成的研究上。随着红外光谱仪器性能的不断提高和实验技术的不断发展，红外光谱法作为一门有效的分析测试技术，目前已被广泛地用于化学化工、材料科学等众多学科的研究领域。近几十年来，红外光谱法也越来越多地用于研究无机非金属材料的结构，目前虽然还不成熟，但也有其独特之处。特别是在水泥水化研究中得到应用，为研究胶凝材料的结构与性能提供了有力的工具。

绝大多数有机化合物和无机化合物分子的振动能级跃迁而引起的吸收均出现在中红外区，所以通常所说的红外光谱就是指中红外区域形成的光谱，故也叫振动光谱，它在结构分析和组成分析中非常重要。至于近红外区和远红外区形成的光谱，分别叫近红外光谱与远红外光谱图。近红外光谱主要用来研究分子的化学键，远红外光谱主要用来研究晶体的晶格振动、金属有机物的金属有机键以及分子的纯转动吸收等。

2. 红外光谱产生的必要条件

对于红外光谱法来说，要产生振动吸收需要两个条件：

(1) 振动的频率与红外线光谱段的某频率相等，吸收了红外光谱中这一波长的光，可以把分子的能级从基态跃迁到激发态，这是产生红外吸收光谱的必要条件。

(2) 偶极距的变化：已知分子在振动过程中，原子间的距离（键长）或夹角（键角）会发生变化，这时可能引起分子偶极矩的变化，结果产生了一个稳定的交变电场，它的频率等于振动的频率，这个稳定的交变电场将和运动的具有相同频率的电磁辐射电场相互作用，从而吸收辐射能量，产生红外光谱的吸收。

3. 物质分子的基本振动类型

实际分子以非常复杂的形式振动。但归纳起来，基本上为两大类振动，即伸缩振动和弯曲振动。表 6-2 列出了分子的基本振动类型。

(1) 伸缩振动　用 υ 表示，伸缩振动是指原子沿着键轴方向伸缩，使键长发生周期性的变化的振动。

伸缩振动的力常数比弯曲振动的力常数要大，因而同一基团的伸缩振动常在高频区出现吸收。周围环境的改变对频率的变化影响较小。由于振动耦合作用，原子数 $N \geqslant 3$ 的基团还可以分为对称伸缩振动和不对称伸缩振动，符号分别为 υ_s 和 υ_{as}，一般 υ_{as} 比 υ_s 的频率高。

(2) 弯曲振动　用 δ 表示，弯曲振动又叫变形或变角振动。一般是指基团键角发生周期性变化的振动或分子中原子团对其余部分作相对运动。弯曲振动的力常数比伸缩振动的小，因此同一基团的弯曲振动在其伸缩振动的低频区出现，另外弯曲振动对环境结构的改变可以在较广的波段范围内出现，所以一般不把它作为基团频率处理。

表 6-2　分子的基本振动类型

主振动类型	表示符号	分振动类型		表示符号
伸缩振动	υ	对称伸缩振动		υ_s
		不对称伸缩振动		υ_{as}
弯曲振动	δ	变形振动	面内变形振动	β
			面外变形振动	υ
		摇摆振动	面内摇摆振动	γ
			面外摇摆振动	ω
		卷曲振动	扭曲振动	ι
			扭转振动	τ

图 6-1 以亚甲基（CH_2）为例，形象地说明了上述各种振动形式。

在红外光谱中也可以看到下列峰。

倍频峰（或称泛音峰）：是出现在强峰基频约二倍处的吸收峰，一般都是弱峰。例如羰基的伸缩振动强吸收在 $1715cm^{-1}$ 处，它的倍频出现在 $3430cm^{-1}$ 附近（和羟基伸缩振动吸收区重叠）。

组频峰：也是弱峰，它出现在两个或多个基频之和或基频之差附近，例如，基频为 $X cm^{-1}$ 和 $Y cm^{-1}$ 的两个峰，它们的组频峰出现在 $(X+Y)cm^{-1}$ 或 $(X-Y)cm^{-1}$ 附近。

偶尔在红外光谱中也出现下列现象。

振动耦合：当相同的两个基团在分子中靠得很近时，其相应的特征吸收峰常发生分裂，形成两个峰，这种现象称振动耦合。

费米共振：当倍频峰或组频峰位于某个强的基频吸收峰附近时，弱的倍频峰或组频峰的吸收强度常常被大大强化，这种倍频峰或组频峰与基频峰之间的耦合，称费米共振。

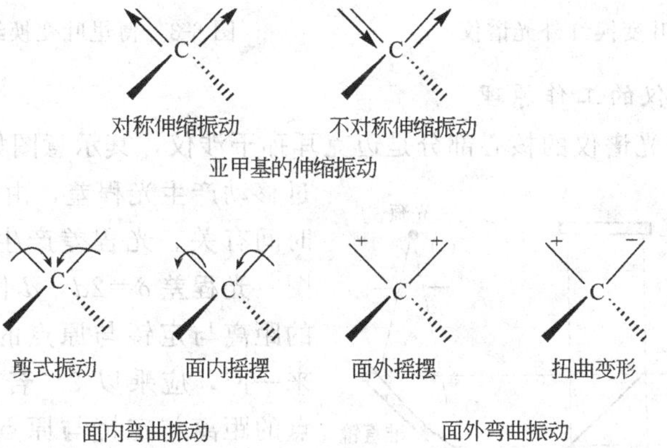

图 6-1 亚甲基的各种振动形式

（“+”表示运动方向垂直纸面向里，“−”表示运动方向垂直纸面向外）

（二）红外光谱仪的基本结构

利用红外光谱对物质分子进行的分析和鉴定。将一束不同波长的红外射线照射到物质的分子上，某些特定波长的红外射线被吸收，形成这一分子的红外吸收光谱。每种分子都有由其组成和结构决定的独有的红外吸收光谱，据此可以对分子进行结构分析和鉴定。

测绘物质红外光谱的仪器是红外光谱仪，也叫红外分光光度计。早期的红外光谱仪是用棱镜作色散元件的，到了 20 世纪 60 年代，由于光栅刻划和复制技术以及多级次光谱重叠干扰的滤光片技术的解决，出现了用光栅代替棱镜作色散元件的第二代色散型红外光谱仪。到 20 世纪 70 年代时，随着电子计算机技术的飞速发展，又出现了性能更好的第三代红外光谱仪，即基于光的相干性原理而设计的干涉型傅里叶变换红外光谱仪。近十几年来，由于激光技术的发展，采用激光器代替单色器，已研制成了第四代红外光谱仪——激光红外光谱仪。

基于目前我国广泛使用的是第三代红外光谱仪，这里主要介绍干涉型红外光谱仪（图 6-2）。目前几乎所有的红外光谱仪都是傅里叶变换型的，其基本结构如图 6-3 所示。光谱仪主要由光源（硅碳棒、高压汞灯）、迈克耳孙（Michelson）干涉仪、检测器和记录仪组成。如图 6-3 所示，光源发出的光被分束器分为两束，一束经反射到达动镜，另一束经透射到达定镜。两束光分别经定镜和动镜反射再回到分束器。动镜以一恒定速度 v_m 作直线运动，因而经分束器分束后的两束光形成光程差 δ，产生干涉。干涉光在分束器会合后通过样品池，然后被检测。

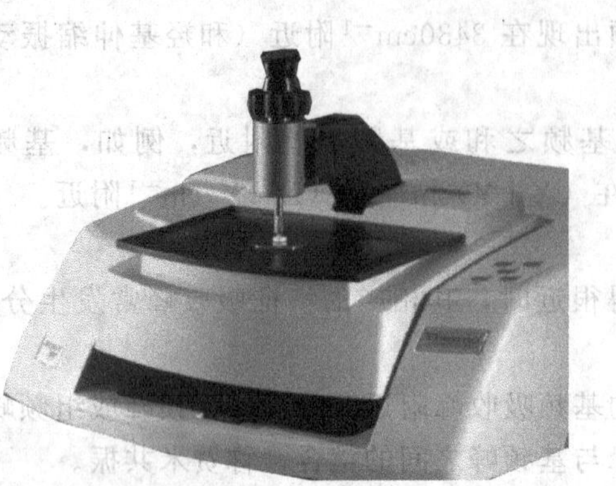

图 6-2 傅里叶变换红外光谱仪

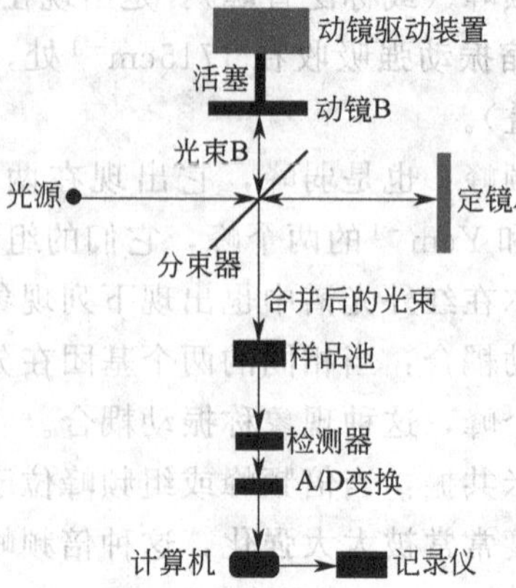

图 6-3 傅里叶变换红外光谱仪构成示意

（三）红外光谱仪的工作原理

傅里叶变换红外光谱仪的核心部分是迈克耳孙干涉仪，其示意图如图 6-4 所示。动镜通过移动产生光程差，由于 v_m 一定，光程差与时间有关。光程差产生干涉信号，得到干涉图。光程差 $\delta=2d$，d 代表动镜移动离开原点的距离与定镜与原点的距离之差。由于是一来一回，应乘以 2。若 $\delta=0$，即动镜离开原点的距离与定镜与原点的距离相同，则无相位差，是相长干涉；若 $d=\lambda/4$，$\delta=\lambda/2$ 时，位相差为 $\lambda/2$，正好相反，是相消干涉；$d=\lambda/2$，$\delta=\lambda$ 时，又为相长干涉。总之，动镜移动距离是 $\lambda/4$ 的奇数倍，则为相消干涉，是 $\lambda/4$ 的偶数倍，则是相长干涉。因此动镜移动产生可以预测的周期性信号。

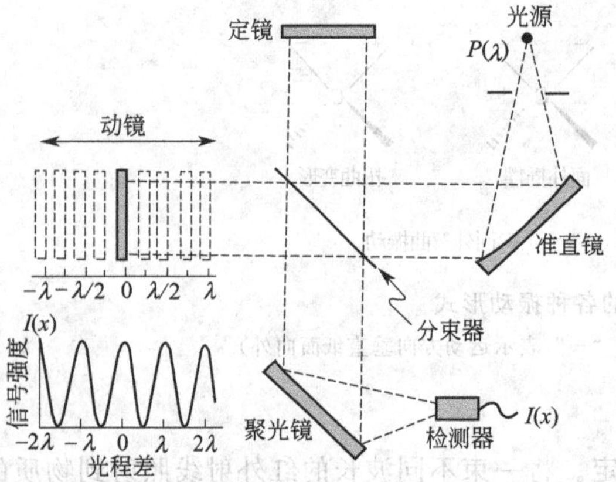

图 6-4 迈克尔孙干涉示意图

干涉光的信号强度的变化可用余弦函数表示：

$$I(\delta)=B(\nu)\cos(2\pi\nu\delta) \tag{6-2}$$

式中 $I(\delta)$ —— 干涉光强度，I 是光程差 δ 的函数；

$B(\nu)$ —— 入射光强度，B 是频率 ν 的函数。

干涉光的变化频率 f_ν 与两个因素即光源频率和动镜移动速度 ν 有关，即

$$f_\nu=2\nu\upsilon \tag{6-3}$$

当光源发出的是多色光，干涉光强度应是各单色光的叠加，如图 6-5 所示，可用式 (6-4) 的积分形式来表示，即：

$$I(\delta)=\int_{-\infty}^{\infty}B(\nu)\cos(2\pi\nu\delta)\mathrm{d}\nu \tag{6-4}$$

把样品放在检测器前，由于样品对某些频率的红外线产生吸收，使检测器接收到的干涉光强度发生变化，从而得到各种不同样品的干涉图。这种干涉图是光强随动镜移动距离的变化曲线，借助傅里叶变换函数，将式(6-4) 转换成式(6-5)，可得到光强随频率变化的频域图。这一过程由计算机完成。

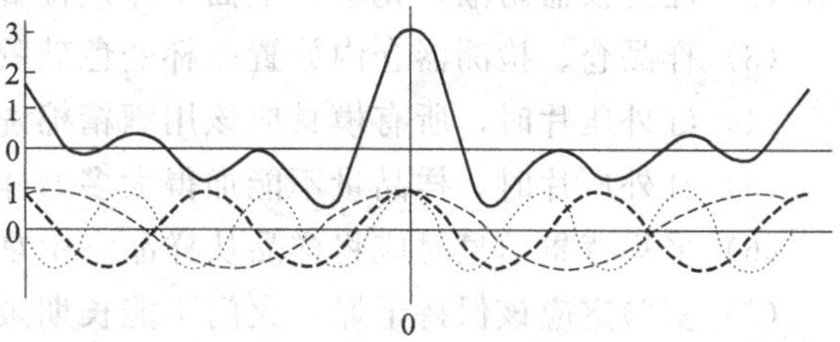

图 6-5 光源为多色光时干涉光信号强度的变化

$$B(\nu) = \int_{-\infty}^{\infty} I(\delta)\cos(2\pi\nu\delta)\mathrm{d}\delta \qquad (6\text{-}5)$$

用傅里叶变换红外光谱仪测量样品的红外光谱包括以下几个步骤：

(1) 分别收集背景（无样品时）的干涉图及样品的干涉图；

(2) 分别通过傅里叶变换将上述干涉图转化为单光束红外光谱；

(3) 将样品的单光束光谱除以背景的单光束光谱，得到样品的透射光谱或吸收光谱。

（四）红外光谱仪的操作步骤

(1) 按光学台、打印机及电脑顺序开启仪器，光学台开启后 3min 即可稳定。

(2) 点击桌面上的 EZ OMNIC 快捷方式，打开软件后，仪器将自动检测，当联机成功后，光学台的状态为绿色对号。主机左上角的两个指示灯分别代表：激光、扫描。激光指示灯常亮，扫描指示灯闪烁。如果出问题时，激光指示灯将熄灭。

(3) 点击采集按钮，选择实验设置对话框，设置实验条件。

① 扫描次数通常选择 32。

② 分辨率指的是数据间隔，通常固体、液体样品选 4，气体样品选 2。

③ 校正选项中可选择交互 K-K 校正，消除刀切峰。

④ 采集预览相当于预扫。

⑤ 文件处理中的基础名字可以添加字母，以防保存的数据覆盖之前保存的数据。

⑥ 可以选择不同的背景处理方式：采集样品前或者后采集背景；采集一个背景后，在之后的一段时间内均采用同一个背景；选择之前保存过的一个背景。

(4) 设定结束，点击确定，开始测定。

① 点击采集样品按钮，弹出对话框。输入图谱的标题，点击确定。准备好样品后，在弹出的对话框中点击确定，开始扫描。

② 扫描结束后，弹出对话框提示准备背景采集。采集后，点击确定，自动扣除背景。

③ 也可以设定先扫描背景，然后扫描样品。

(5) 可对采集的光谱进行处理，比如选择图谱、区间处理、读坐标、读峰高、读峰面积、缩放或者移动。

(6) 采集结束后，保存数据，存成 SPA 格式（Omnic 软件识别格式）和 CSV 格式（Excel 可以打开）。

四、实验注意事项

(1) 测试过程中发生停电时，按操作规程顺序关掉仪器，保留样品。待供电正常后，重新测试。仪器发生故障时，立即停止测试，找维修人员进行检查。故障排除后，恢复测试。

(2) 注意仪器防潮，光学台上面干燥剂位置的指示变红则需要换干燥剂。

(3) 样品仓、检测器仓内放置一杯变色硅胶，吸收仪器内的水蒸气。

(4) 红外压片时，所有模具应该用酒精棉洗干净。

(5) 红外压片时，样品量不能加得太多，样品量和KBr的比例大约在1∶100。

(6) 采集背景信息时应将样品从样品室中拿出。

(7) 实验室应该保持干燥，大门不能长期敞开。

(8) 如操作过程中出现失误弄脏检测窗口，不可用含水物清洗，应用吸耳球吹去污染物。

五、编写实验报告

1. 将上述观察内容的结果作详细记录并完成实验报告。

2. 回答下列问题：

(1) 产生红外振动吸收的条件是什么？

(2) 物质分子的基本振动类型有哪些？

实验2　红外光谱定性分析

一、实验目的与任务

1. 学习红外光谱定性分析的基本原理，熟悉红外光谱图的基本特征。

2. 掌握利用红外光谱进行定性分析的基本方法。

3. 测绘一种物质的红外光谱，查阅标准图谱对其进行鉴定。

二、实验器材

红外光谱仪：Nicolet 380 型。

三、实验内容及实验方法

(一) 红外光谱定性分析的基本原理

每一种物质的红外光谱都反映了该物质的结构特征，通常用四个基本参数来表征。

1. 谱带数目

由于分子振动过程偶极矩变化时才产生红外共振吸收，而相同或相近频率的振动可能发生简并，倍频、组合频等效应将导致红外光谱谱带数目与理论数目 $3N-6$（或 $3N-5$）不符。但是，每种物质的实测红外光谱谱带数目都是一定的，它是定性分析的重要指标。

2. 谱带位置

红外光谱谱带的位置即谱带所对应的频率，对应着化合物中分子或基团的振动形式。因此，谱带位置是指示某一分子或某一基团存在的标志。对于同一基团来说，伸缩振动频率较高，弯曲振动频率较低。对不同基团来说，价键越强，振动频率越高；同一键连接的原子越轻，振动频率越高。相关分子的振动频率见本实验附录。

3. 谱带形状

红外光谱谱带的形状也是由物质分子内或基团内价键的振动形式决定的。每一物态、每一基团、每一振动形式对应着一定的谱带形状。因此，红外光谱谱带的形状也能揭示物质结构的信息。如结晶好的物质的吸收谱带较尖较窄，结晶不好的物质的吸收谱带宽而漫散；无机物基团的吸收谱带大而宽，有机物基团的吸收谱带尖而窄；对称性高的分子或基团谱带连续完整，对称性较低者出现分裂谱带。因此，物质的红外吸收谱带位置能指示基团的存在，而谱带的形状能反应物质的状态和结构细节。

4. 相对强度

红外光谱谱带的相对强度是指某物质的所有红外吸收谱带相对于某一吸收谱带的比值。每一种物质，每一吸收谱带的相对强度都是一定的，它同样是由该吸收谱带所对应的价键的振动决定的。当价键振动时，引起偶极矩的变化大，红外吸收谱带的强度大；对同一基团来说，伸缩振动吸收谱带强度大，弯曲振动吸收谱带强度小，不对称伸缩振动吸收谱带强度大，对称伸缩振动吸收谱带强度小；对不同基团来说，强极性基团的吸收谱带强度大，弱极性基团的吸收谱带强度小。因此，每一种物质的各个红外吸收谱带的相对强度是有一定的规律的，可作为检验结构基团或化合物存在的佐证。

应该指出，一种物质的红外光谱的谱带数目、谱带位置、谱带形状及相对强度随物质分子间键力的变化、基团内甚至基团外环境的改变而变化。如固体物质分子之间产生相互作用会使一个谱带发生分裂，晶体内分子对称性降低会使简并的谱带解并成多重谱带；分子间氢键的形成会使谱带形状变宽，伸缩振动频率向低波数位移，而弯曲振动频率向高波数位移。

（二）红外基团频率与分子结构的关系

光谱学界普遍认为，中红外区的波数范围是 4000～400cm^{-1}，绝大多数有机化合物的基频振动出现在该区域。在该区域中，已经总结出大量特征基团频率与分子结构的对应关系，并用于结构分析中。

1. 特征基团频率与指纹频率

(1) 特征基团频率　分子中某一特定基团的某一方式的振动，其频率总是出现在某一项对范围较窄的频率区域，而分子的剩余部分对其影响较小。可以推断：某一振动基团的力常数从一分子到另一分子是不会有很大改变的，因而在不同分子中该基团振动频率基本是相同的，这种以相当高的强度出现在某一基团的特征吸收区域内，并且能够用它鉴定该基团的吸收带称为该基团的特征吸收带，其频率称为基团特征频率。一个好的特征基团频率应具有较窄的吸收区域，吸收强度高，与其他频率分得开，特征的吸收形状，用于鉴定该基团时可靠性强等。大多数特征基团频率出现在 1330cm^{-1}以上的区域。

(2) 指纹频率　指纹频率不是起源于某个基团的振动，而是整个分子或分子的一部分振动产生的。指纹频率对分子结构的微小变化具有较大的灵敏性，对于特定分子是特征的，因此，可用于整个分子的表征。指纹频率通常出现在 1330cm^{-1}以下的低频区域，吸收带的指认是困难的。

2. 影响特征基团频率位移的因素

基团中某一键的振动，假定分子内和分子外的环境对该键的振动影响极小，则这个键的振动近似认为是一个线性谐振子的振动。其近似振动频率主要取决于该键的力常数和原子质量。但基团的准确振动频率还要受到许多因素的影响，一部分是属于分子内的结构因素，如电效应、空间效应和振动耦合等，另一部分是属于分子外部环境的影响，如物态变化，溶剂效应和氢键等。

（三）红外测试中样品的制备

本节主要讲述固体样品的制备技术。现在制备固体样品常用的方法有粉末法、糊状法、压片法、薄膜法、热裂解法等多种技术，尤其前面三种用得最多，现分别介绍如下。

1. 粉末法

这种方法是把固体样品研磨至 2μm 左右的细粉，悬浮在易挥发的液体中，移至盐窗上，待溶剂挥发后即形成一均匀薄层。

当红外线照射在样品上时，粉末粒子会产生散射，较大的颗粒会使入射光发生反射，这种杂乱无章的反射降低了样品光束到达检测器上的能量，使谱图的基线抬高。散射现象在短波长区表现尤为严重，有时甚至可以使该区无吸收谱带出现。所以为了减少散射现象，就必须把样品研磨至直径小于入射光的波长，即必须磨至直径在 2μm 以下（因为中红外光波波长是从 2μm 起始）。即使如此也还不能完全避免散射现象。

2. 悬浮法（糊状法）

颗粒直径小于 2μm 的粉末悬浮在吸收很低的糊剂中。石蜡油是一种精制过的长链烷烃，不含芳烃、烯烃和其他杂质，黏度大、折射率高，它本身的红外谱带较简单，只有四个吸收光谱带，即 3000～2850cm^{-1}的饱和 C—H 伸缩振动吸收，1468cm^{-1}和 1379cm^{-1} C—H 弯曲振动吸收以及 720cm^{-1}处的 CH_2 平面摇摆振动弱吸收。假如被测定物含饱和 C—H 键，则不宜用液体石蜡作悬浮液，可以改用六氟二烯代替石蜡作糊剂。

对于大多数固体试样，都可以使用糊状法来测定它们的红外光谱，如果样品在研磨过程中发生分解，则不宜用糊状法。糊状法不能用来作定量的工作，因为液体槽的厚度难以掌握。光的散射也不易控制。有时为了避免样品的分解，在研磨时就加入液体石蜡等悬浮剂。

3. 卤化物压片法

压片法也叫碱金属卤化物锭剂法。由于碱金属卤化物（如 KCl、KBr、KI 以及 CsI 等）加压后变成可塑物，并在中红外区完全透明，因而被广泛用于固体样品的制备。一般将固体样品 1.0～3.0mg 放在玛瑙研钵中，加 100～300mg 的 KBr 或 KCl，混合研磨均匀，使其粒度达到 2.5μm 以下。将磨好的混合物小心倒入压模中，加压 15MPa 1min 左右，就可得到厚约 0.8mm 的透明薄片。

压片法的优点是：①没有溶剂和糊剂的干扰，能一次完整地获得样品的红外吸收光谱。②可以通过减小样品的粒度来减少杂散光，从而获得尖锐的吸收带。③只要样品能变成细粉，并且加压下不发生结构变化，都可用压片法进行测试。④由于薄片的厚度和样品的浓度可以精确控制，因而可用于定量分析。⑤压成的薄片便于保存。

值得注意的是：压片法对样品中的水分要求严格，因为，样品含水不仅影响薄片的透明度，而且影响对化合物的判定。因此，要尽量采用加热、冷冻或其他有效方法除水。样品粉末的粒度对吸光度有影响，粒度越小，吸光度越大。因此，特别是做定量分析时，要求样品粉末有均一的分散性和尽可能小的粒度。有时，在压片过程中会发生卤化物与样品的离子交换、脱水、多晶转变及部分分解等物理化学变化，使谱图面貌出现差异。

4. 薄膜法

薄膜法是红外光谱实验技术中常用的另一种固体制样方法，根据样品的物理性质，而有不同的制备薄膜的方法。

（1）剥离薄片　有些矿物如云母类是以薄层状存在，小心剥离出厚度适当的薄片（10～150μm），即可直接用于红外光谱的测绘。有机高分子材料常常制成薄膜，作红外光谱测定时只需直接取用。

（2）熔融法　对于一些熔点较低，熔融时不发生分解、升华和其他化学、物理变化的物质，例如低熔点的蜡、沥青等，只需把少许样品放在盐窗上，用电炉或红外灯加热样品，待其熔化后直接压制成薄膜。

(3) 溶液法　这一方法的实质是将样品悬浮在沸点低、对样品的溶解度大的溶剂中，使样品完全溶解，但不与样品发生化学变化，将溶液滴在盐片上，在室温下待溶液挥发，再用红外灯烘烤，以除去残留溶剂，这时就得到了薄膜，常用的溶剂有苯、丙酮、甲乙酮，*N*，*N*-二甲基甲酸胺等。

(4) 沉淀薄片法　称取几毫克的样品用酒精或异丙醇，充分研磨，再稀释到所需浓度后，吸一滴悬浮液到窗片上，继续搅动成为较稠厚的液体，当溶剂蒸发、干燥后得到厚度相当均匀的薄膜。

(四) 红外定性分析的基本方法

红外光谱定性分析的基本方法通常分为两大类：一类是对已知物的确认，另一类是对未知物的指认。

1. 已知物的确认

大多数的红外光谱分析工作都是验证某一结构基团或某一化合物是否存在于被测试样中，或评价某一化合物是否含有杂质，或者研究制备工艺对物质结构的影响等，所有这些分析工作都属于用红外光谱对已知物的确认范畴。对于已知物的确认，通常采用标准试样法或标准图谱法。

(1) 标准试样法　在相同的制样方法和实验条件下测绘标准试样和待测试样的红外光谱，并将二者进行对比，若二者的吸收谱带数目、位置、形状及相对强度完全吻合，待测物质即与标准物质相同。

(2) 标准图谱法　标准图谱法是将待测物质的红外光谱与标准图谱相对比，从而进行鉴定。标准图谱是在日常工作中收集到的一些纯物质的红外光谱，也可以查阅标准图谱集。常用的标准图谱集有：《Infrared Spectra of Inorganic Compound》；《Sadtler 标准红外光谱》；"DMS"(Documentation of Molecular Spectroscopy) 孔卡片；Infrared Spectroscopy of Minerals。

在查阅标准图时，要注意标准图的试样状态、制样方法及光谱测绘条件，只有相同条件下的对比才是有意义的。与标准试样法一样，只有在全部谱带数目、位置、形状和相对强度完全吻合时才能确认。

必须说明，在比较待确认物质与标准试样的红外光谱时，若二者吸收谱带的数目、相对强度没有变化，吸收谱带的形状没有变化或变化较小，吸收谱带的频率发生位移或位移较小，说明二者结构基本相同，但结构的某些畸变引起了谱带频率或形状的微小变化。

图 6-6 为制备的聚苯乙烯薄膜的红外光谱图。将样品测试的红外谱图在标准图谱库中进行检索（图 6-7），发现与聚苯乙烯薄膜标准物质的红外光谱完全吻合，说明测试的样品为聚苯乙烯薄膜。

2. 未知物的确认

利用红外光谱来对未知物进行指认，如果是单相物质，根据其特征谱带查阅标准图谱，通常不难鉴定。但若未知物为多相混合物质，各种物质的红外吸收带都将在未知物的红外光谱图上出现，谱带可能重叠、频率可能位移，给未知物的分析鉴定工作造成困难。通常按下面的鉴定程序进行分析。

(1) 采用合适的制样方法和测试条件，测绘一张高质量的红外光谱。

(2) 根据样品来源、制备工艺、化学成分及其他测试资料，估计可能物相。

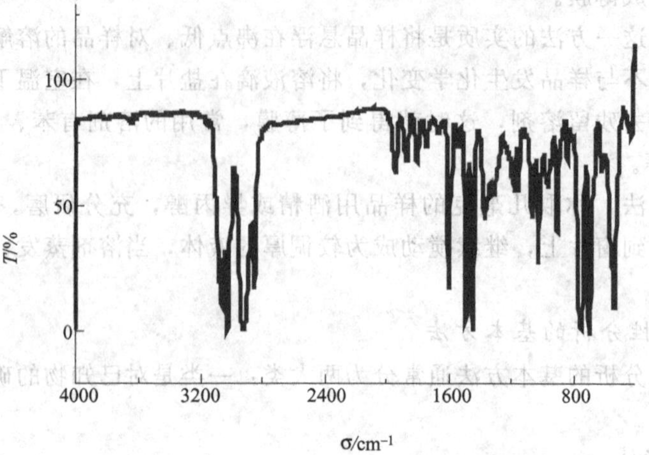

图 6-6　制备的聚苯乙烯薄膜的红外光谱图

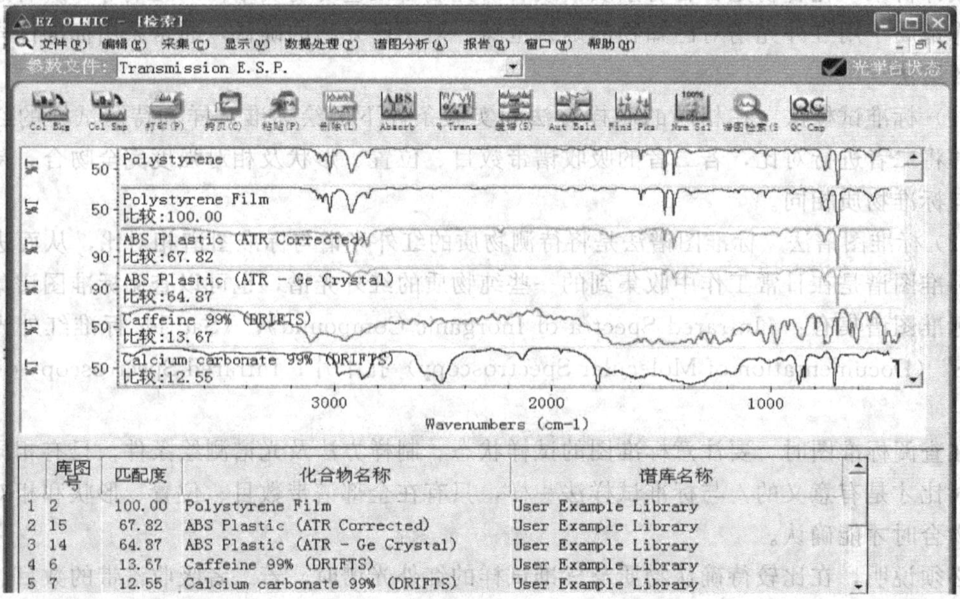

图 6-7　对样品进行检索后的结果

(3) 排除可能的干扰带（KBr 或试样的吸湿引起的水的吸收带，大气中 CO_2 的吸收带或仪器部件污染引起的吸收带），鉴定未知物中可能存在的结构基团。

对结构基团的确定，应先从高频区入手，找出表征结构基团的特征频率，再查对该基团在低频区的相关吸收带的频率，只有当基团特征频率与相关频率同时出现时才能作出基团的鉴定。这种鉴定方法只适用于未知物中各相吸收带不重叠或重叠很少时。若各相吸收带重叠较多，通常不能对未知物中的结构基团作出准确的鉴定。

(1) 化合物的鉴定　尽管确定了结构基团或估计了可能的结构基团，但进一步利用红外光谱鉴定未知物中有哪几种化合物却是一件困难的工作。通常根据可能的结构基团选用合适的化学方法对未知物各组分进行分离提纯，分别测定提纯物的红外光谱，按已知物确认的鉴定方法来鉴别化合物。

(2) 含有相同结构基团的化合物的鉴定　对于含有相同结构基团的未知化合物，他们的红外光谱谱带重叠严重，采用组分分离提纯的方法往往又较困难，这时必须根据特征结构基团中的特征峰来予以识别。

例：某化合物的分子式为 $C_2H_6O_2$，红外光谱图如图 6-8 所示，试推测其可能的结构。

解：不饱和度表示有机分子中碳原子的饱和度，在测定分子结构时非常有用。计算不饱和度 U 的经验公式为：

$$U=1+n_4+\frac{1}{2}(n_3-n_1)$$

式中，n_1，n_3 和 n_4 分别为分子式中一价、三价和四价原子的数目。

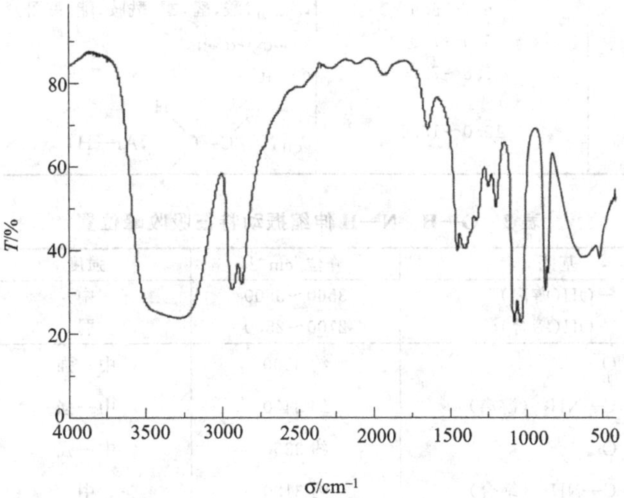

图 6-8　$C_2H_6O_2$ 的红外光谱图

通过公式计算可得　$U=1+2-\frac{1}{2}(0-6)=0$

不饱和度为 0，说明该化合物是饱和化合物，由分子式推断其可能为醇。

从红外谱图中可以看出，3300cm^{-1} 附近是强而宽的—OH 的伸缩振动吸收峰，1250～1420cm^{-1} 是—OH 的变形振动峰，峰的强度较弱，峰形较宽，在处于氢键合的状态下，640cm^{-1} 附近时—OH 的面外弯曲振动，峰形宽而分散；2942cm^{-1} 是—C—H 的不对称伸缩振动吸收峰，2878cm^{-1} 是—C—H 的对称伸缩振动吸收峰，1456cm^{-1} 是—C—H 的弯曲振动吸收峰；1042cm^{-1} 是—C—O 的伸缩振动吸收峰。由红外谱图可知，此化合物中含有—OH，—C—O，—C—H 等基团，所以推断其为乙二醇。

四、实验和数据处理

(1) 测绘一种物质的红外光谱，记录下各种测试条件。

(2) 标注出所测红外光谱图各吸收峰的波数。

(3) 根据所测的红外光谱查阅有关特征频率表或标准图谱集，鉴定所测物质。

五、编写实验报告

1. 将上述观察内容的结果作详细记录并完成实验报告。

2. 回答下列问题：

(1) 压片法的优点是什么？

(2) 红外定性分析的基本原理是什么？

附录

表1　红外光谱的八个区段

波数/cm^{-1}	波长/($\times 10^3 nm$)	振　动　类　型
3750～3000	2.7～3.3	$\nu_{(OH)}$，$\nu_{(NH)}$
3300～3000	3.0～3.3	$\nu_{(C\equiv C-H)}$，$\nu_{(C=C-H)}$
3000～2700	3.3～3.7	$\nu_{(C-H)}$（$-CH_3$，CH_2，CH，$-\overset{O}{\overset{\Vert}{C}}-OH$）
2400～2100	4.2～4.9	$\nu_{(C\equiv C)}$，$\nu_{(C\equiv N)}$
1750～1680	5.7～5.9	$\nu_{(C=O)}$（酸，醛，酮，酰胺，酯，酸酐）
1675～1450	5.9～7.0	$\nu_{(C=C)}$，$\nu_{(C=N)}$
1475～1300	6.8～7.7	$\delta_{(C-H)}$
1300～650	10.0～15.4	δ_{CH}，（$>C=C<^{H}$，Ar—H）

表2　O—H，N—H 伸缩振动特征吸收峰位置

基团类型	基团	峰位/cm^{-1}	强度	振动类型
羧酸类	—OH(游离)	3560～3500	中	O—H 伸缩振动
	—OH(缔合)	2700～2500	弱	O—H 伸缩振动
酰胺类	$-\overset{O}{\overset{\Vert}{C}}-NH_2$（游离）	约 3500	中—强	N—H 不对称伸缩振动
		约 3400	中—强	N—H 对称伸缩振动
	$-\overset{O}{\overset{\Vert}{C}}-NH_2$（缔合）	约 3350	中—强	N—H 不对称伸缩振动
		约 3180	中	N—H 对称伸缩振动
	$-\overset{O}{\overset{\Vert}{C}}-NH-$			
	（游离，反式）	3460～3400	中	N—H 伸缩振动
	（缔合，反式）	3320～3270	中—强	N—H 伸缩振动
	（游离，顺式）	3440～3400	中	N—H 伸缩振动
	（缔合，顺式）	3180～3140	中	N—H 伸缩振动
	（缔合，顺-反式）	3100～3060	中—弱	N—H 伸缩振动
环酰胺	（内酰胺）	3440～3420	强	N—H 伸缩振动
	—N—H	约 3200	中	N—H 伸缩振动
氨基酸	$-NH_2$	3390～3260	中	N—H 伸缩振动
	$-NH_3^+$	3130～3030	中	N—H 伸缩振动
硝基化合物	═N—OH	3650～3500	强	O—H 伸缩振动
	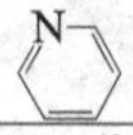	3500～3220	中，强，宽	N—H 伸缩振动
胺与亚胺类	$-NH_2$(伯胺)	3500～3300	中(双峰)	N—H 伸缩振动
	$\diagdown$N—H（仲胺）	3500～3300	中	N—H 伸缩振动
	—C═NH(亚胺)	3400～3300	中	N—H 伸缩振动
伯胺盐		3350～3150	强，宽	NH_3^+，N—H 伸缩振动
铵盐		3300～3030	中，强，宽	NH_3^+，N—H 伸缩振动
醇和酚	—OH(游离)	3650～3500	强	O—H 伸缩振动
	（分子内氢键缔合）	3550～3200	强，宽	O—H 伸缩振动
	（分子内氢键缔合）	3570～3450	强	O—H 伸缩振动
	（螯合型）	3200～2500	弱	O—H 伸缩振动

表 3　CH 伸缩振动特征吸收峰位置

基团类型	基团	峰位/cm^{-1}	强度	振动类型
饱和烃	$—CH_3$	2926±10	强	C—H 不对称伸缩振动
		2872±10	强	C—H 对称伸缩振动
	$—CH_2$	2926±10	强	C—H 不对称伸缩振动
		2853±10	强	C—H 对称伸缩振动
	>C—H	2890±10	弱	C—H 伸缩振动
		3077	强	C—H 不对称伸缩振动
		2985	强	C—H 对称伸缩振动
		>3000	强	C—H 伸缩振动
		2947	强	C—H 反对称伸缩振动
		2863	强	C—H 对称伸缩振动
	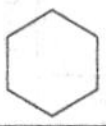	2927	强	C—H 不对称伸缩振动
		2841	强	C—H 对称伸缩振动
不饱和烃	CH_2═CH—(乙烯基)	3095～3075	中	C—H 不对称伸缩振动
		3040～3010	中	C—H 不对称伸缩振动
	CH_2═C<	3095～3075	中	C—H 对称伸缩振动
	CH═C<	3040～3010	中—弱	C—H 伸缩振动
	—CH═CH— 反式	3040～3010	中	C—H 伸缩振动
	—CH═CH— （顺式）	3040～3010	中	C—H 伸缩振动
	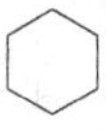	约 3030	中	C—H 伸缩振动
	RC≡CH	约 3300	中	C—H 伸缩振动

表 4　C≡C，C≡N 叁键伸缩振动特征吸收峰位置

基团	峰位/cm^{-1}	强度	振动类型
单取代 —C≡C—	2140～2100	中	C≡C 伸缩振动
不对称双取代 —C≡C—	2260～2190	中	C≡C 伸缩振动
—C≡N（饱和脂肪腈）	2260～2220	强	C≡N 伸缩振动
α,β-芳香腈	2240～2220	强	C≡N 伸缩振动
α,β-不饱和脂肪腈	2235～2215	强	C≡N 伸缩振动
—N═C（饱和脂肪腈）	2245～2134	强	C≡N 伸缩振动

表 5　C═O 伸缩振动吸收特征峰位置

基团类型	基团	峰位/cm^{-1}	强度	振动类型
酮类	$—CH_2—CO—CH_2—$	1725～1705	强	C═O 伸缩振动
	$—CH(Br)—CO—CH_2—$	1745～1725	强	C═O 伸缩振动
	—CH(Br)—CO—CH(Br)—	1765～1745	强	C═O 伸缩振动
	—CO—CO—	1730～1710	强，中	C═O 伸缩振动
	$—CO—CH_2—CO—$	1640～1540	强	C═O 伸缩振动
	$—CO—CH_2—CH_2—CO—$	1745～1725	强	C═O 伸缩振动
	$—CH_2—CO—CH═CH—$	1685～1665	强	C═O 伸缩振动
	—CH═CH—CO—CH═CH—	1670～1665	强	C═O 伸缩振动

续表

基团类型	基团	峰位/cm^{-1}	强度	振动类型
酮类	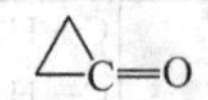	约 1815	强	C═O 伸缩振动
	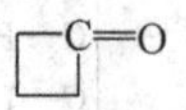	约 1775	强	C═O 伸缩振动
	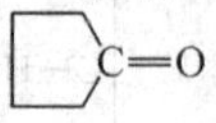	1750～1740	强	C═O 伸缩振动
	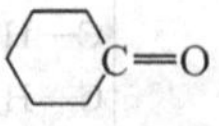	1725～1705	强	C═O 伸缩振动
	Ar—CO—	1700～1680	强	C═O 伸缩振动
	Ar—CO—Ar	1670～1660	强	C═O 伸缩振动
	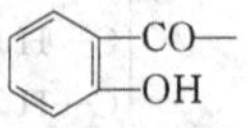	1655～1635	强	C═O 伸缩振动
醛类	—C═O(饱和)	1740～1720	强	>C═O 伸缩振动
	—C═O(*α*,*β*-不饱和脂肪族)	1705～1680	强	
	—C═O(*α*,*β*,*γ*,*δ*-不饱和脂肪族)	1680～1660	强	
	—C═O(芳香族)	1715～1695	强	
羧酸类	>C═O 脂肪族饱和酸	1725～1700	强	>C═O 伸缩振动
	>C═O *α*-卤代酸	1740～1720	强	>C═O 伸缩振动
	>C═O *α*,*β*-不饱和酸	1715～1690	强	>C═O 伸缩振动
	芳香族	1700～1680	强	>C═O 伸缩振动
	>C═O 分子内氢键	1670～1650	强	>C═O 伸缩振动
酸酐类	—C(═O)—O—C(═O)—(链状的)	1850～1800	强	C═O 不对称伸缩振动
	—C(═O)—O—C(═O)—(链状的)	1790～1740	较强	C═O 不对称伸缩振动
	(环状的)	1870～1820	较强	C═O 不对称伸缩振动
		1800～1750	强	C═O 不对称伸缩振动
	—C(═O)—O—O—C(═O)—(脂肪族)	1820～1810	较强	C═O 不对称伸缩振动
		1800～1780	强	C═O 不对称伸缩振动
	—C(═O)—O—O—C(═O)—(芳香族)	1805～1780	较强	C═O 不对称伸缩振动
		1785～1775	强	C═O 不对称伸缩振动
酯类	>C═O 链状饱和酯	1750～1735	强	C═O 伸缩振动
	(*α*,*β*-不饱和酯)	1730～1717	强	C═O 伸缩振动
	(芳香族酯)	1730～1717	强	C═O 伸缩振动
	(乙烯基酯)	1770～1800	强	C═O 伸缩振动
	(*α*-卤代酯)	1770～1745	强	C═O 伸缩振动
	(*α*-酮酯)	1775～1740	强	C═O 伸缩振动
	(*β*-酮酯)	约 1650	强	C═O 伸缩振动
	>C═O (*δ*-内酯)	1750～1735	强	C═O 伸缩振动
	(*γ*-不饱和酯)	1780～1760	强	C═O 伸缩振动
	不饱和内酯	吸收峰位及强度与相当的开链酯相似		

续表

基团类型	基团	峰位/cm^{-1}	强度	振动类型
酰卤化合物	$-C(=O)-X$	1815～1770	强	C═O 伸缩振动
	$=C-C(=O)-X$	1780～1750	强	C═O 伸缩振动
酰胺类	$-C(=O)-NH_2$ （固体）	约 1650	强	C═O 伸缩振动
	（稀溶液）	约 1690	强	C═O 伸缩振动
	$-C(=O)-NH$ （固体）	1680～1630	强	C═O 伸缩振动
	（溶液）	1700～1670	强	C═O 伸缩振动
	$-C(=O)-N<$	1670～1630	强	C═O 伸缩振动
	$>N-C(=O)-N<$	1660～1630	强	C═O 伸缩振动
环酰胺	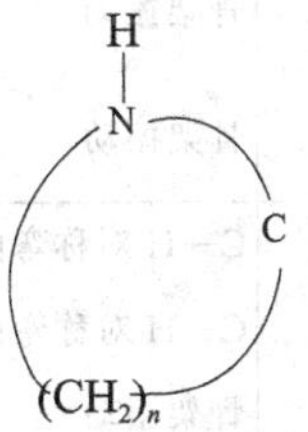 n=4	1670±5	强	C═O 伸缩振动
	n=3	约 1700	强	C═O 伸缩振动
	n=2	约 1745	强	C═O 伸缩振动
氨基酸	α-氨基酸	1754～1720	强	C═O 伸缩振动
	β-氨基酸或 γ-氨基酸	1730～1700	强	C═O 伸缩振动

表 6　C═C 伸缩振动吸收特征峰位置

基团	峰位/cm^{-1}	强度	振动类型
$H_2C=CH-$	1645～1640	中	C═C 伸缩振动
$CH_2=C<$	1658～1648	中	C═C 伸缩振动
$CH_2=C<$（反式）	1675～1665	中，弱	C═C 伸缩振动
	1680～1620	中	C═C 伸缩振动
$-CH=CH-$（顺式）	1680～1620	中，弱	C═C 伸缩振动
$-C=C=C-$（丙烯型）	1950	强	C═C 伸缩振动
	1060	强	C═C 伸缩振动
$-C(=O)-C=C-$	约 1600	强	C═C 伸缩振动
$Ar-C=C-$	1630～1610	强	C═C 伸缩振动
	1600，1500	中	C═C 伸缩振动

表 7　C—H 弯曲振动特征吸收峰位置

基团类型	基团	峰位/cm^{-1}	强度	振动类型
饱和烃	$—CH_3$	1460±10 1380～1370	中 强	C—H 不对称弯曲振动 C—H 对称弯曲振动
	$>CH_2$	1468±20	中	C—H 弯曲振动
	$>CH—$	约 1340	弱	C—H 弯曲振动
	$(H_3C)_2CH—$	约 1385 约 1370	（两峰相等）	C—H 弯曲振动
	$(H_3C)_3C—CH$	约 1390 约 1365	中 强	C—H 弯曲振动 C—H 弯曲振动
	$(H_3C)_2CH—$	1170±5 1170～1140 850～815	中 中—弱 中—弱	骨架振动 骨架振动 骨架振动
	$(H_3C)_3C—CH$	1250±5 1250～1200	中 中	骨架振动 骨架振动
	$—C(CH_3)_2—$	1390～1380 1368～1366 约 1200	中 稍强 中—弱	C—H 对称弯曲振动 C—H 对称弯曲振动 骨架振动
		1442 1020～1000	中 弱	C—H 弯曲振动 环振动(骨架振动)
		920～910	中	环振动(骨架振动)
		1455 977	中 中	C—H 弯曲振动 环振动(骨架振动)
		1452 1055～1000 1025～952	中 中—弱 中—弱	C—H 弯曲振动 环振动(骨架振动) 环振动(骨架振动)
不饱和烃	$CH_2═CH—$	1420～1410 1300～1290 995～985	中 弱 强	CH_2 面内弯曲振动 CH_2 面内弯曲振动 C—H 面外弯曲振动
	$CH_2═C<$	915～905 1420～1400 895～885	强 中 强	CH_2 面内弯曲振动 CH_2 面内弯曲振动 CH_2 面内弯曲振动
	$CH═C<$	840～790	强	C—H 面外弯曲振动
		900～700	强	C—H 面外弯曲振动
	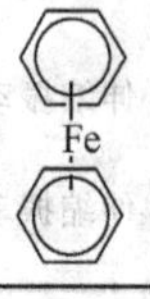	约 475	宽中	二茂铁中的环—Fe 伸缩振动

表 8　芳环上 C—H 键的特征吸收频率和各种取代类型的吸收频率

苯环上的取代形式	化合物	峰位/cm^{-1}	强度	振动类型
		约 3030 2000～1600 1225～950 960～650	中 弱 弱 强	C—H 伸缩振动 C—H 面外弯曲振动的倍频和合频 C—H 面外弯曲振动 C—H 面外弯曲振动
单取代	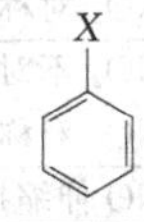	770～730 710～690	特强 强	C—H 面外弯曲振动 C—H 面外弯曲振动
邻双取代	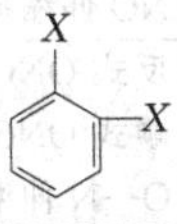	770～735	特强	C—H 面外弯曲振动
间双取代	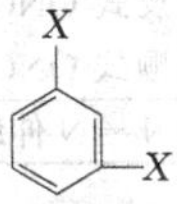	810～750 725～680	特强 中—强	C—H 面外弯曲振动 C—H 面外弯曲振动
对双取代		860～800	特强	C—H 面外弯曲振动
1,2,3-三取代	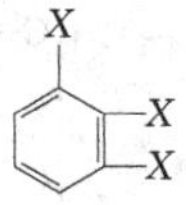	780～760 745～705	强 强	C—H 面外弯曲振动 C—H 面外弯曲振动
1,3,5-三取代	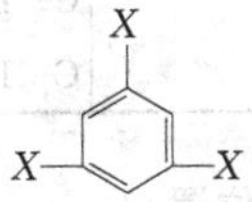	865～810 730～675	强 强	C—H 面外弯曲振动 C—H 面外弯曲振动
1,2,4-三取代	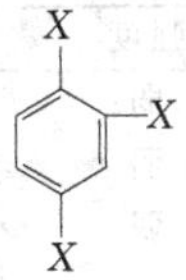	885～870 825～805	强 强	C—H 面外弯曲振动 C—H 面外弯曲振动
1,2,3,4-四取代	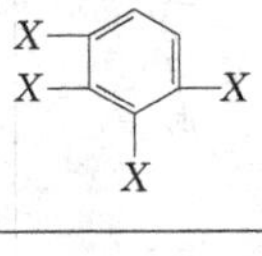	810～800	强	C—H 面外弯曲振动
1,2,4,5-四取代	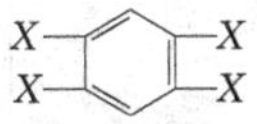	870～855	强	C—H 面外弯曲振动
1,2,3,5-四取代	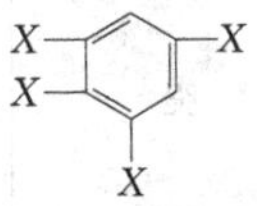	850～840	强	C—H 面外弯曲振动
五取代	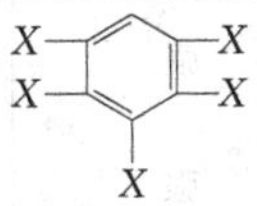	约 870	强	C—H 面外弯曲振动

注：表中苯环上的取代基（*X*）可以相同，也可以不同。

表 9　硝基的特征吸收峰位置

基团	峰位/cm^{-1}	强度	振动类型
$-R-NO_2$	1750～1500	强	NO_2 不对称伸缩振动
	1370～1300	强	NO_2 对称伸缩振动
	860～810	强	C—N 伸缩振动
$R-NH\cdot NO_2$	1630～1550	强	NO_2 不对称伸缩振动
	1300～1260	强	NO_2 对称伸缩振动
$R-O-NO_2$	1655～1600	强	NO_2 不对称伸缩振动
	1300～1255	强	NO_2 对称伸缩振动
R—C—NO	1600～1500	强	NO 伸缩振动
—N—NO	1500～1430	强	NO 伸缩振动
—O—NO	1680～1610	强	反式 ONO 伸缩振动
	1625～1610	强	顺式 ONO 伸缩振动
	850～750	强	O—N 伸缩振动
	691～617	中	反式 ONO 伸缩振动
	625～562	中	顺式 ONO 伸缩振动
—N═N—	1630～1575	很弱	N═N 伸缩振动

表 10　有机卤化合物特征吸收峰位置

基团	峰位/cm^{-1}	强度	振动类型
C—F	1100～1000	强	C—F 伸缩振动
$>C-F_2$	1250～1050	两特强峰	C—F 伸缩振动
C—Fg	1400～1100	多特强峰	C—F 伸缩振动
CF_3-CF_2	1365～1325	强	
C—Cl	750～700	强	C—Cl 伸缩振动
C—Br	650 附近	强	C—Br 伸缩振动
C—I	600～500	强	C—I 伸缩振动

表 11　有机硫、磷化合物的特征吸收峰位置

基团类型	基团	峰位/cm^{-1}	强度	振动类型
硫化物	—S—H	2600～2550	弱	S—H 伸缩振动
	—S—C—	700～600	弱	C—S 伸缩振动
	—S—S—	500～400	弱	S—S 伸缩振动
	S═C<	1200～1050	强	C═S 伸缩振动
	—S(═O)—（亚砜）	1060～1040	强	S═O 伸缩振动
	$-S(=O)_2-$（砜）	1350～1300	强	S═O 不对称伸缩振动
		1160～1140	强	S═O 对称伸缩振动
	—S(═O)—OH（亚磺酸）	约 1090	强	S═O 伸缩振动
	—S(═O)—O—R（亚磺酸酯）	1135～1125	强	S═O 伸缩振动
	$-O-SO_2-OR$（硫酸酯）	1440～1350	强	S═O 不对称伸缩振动
		1230～1150	强	S═O 对称伸缩振动

续表

基团类型	基团	峰位/cm^{-1}	强度	振动类型
磷化物	P—H	2425～2325	中、尖锐	P—H 伸缩振动
	P═O(游离)	1350～1250	强	P═O 伸缩振动
	(缔合)	1250～1140	强	P═O 伸缩振动
	P—CH_3	1320～1280	强	P—C 伸缩振动
	P—OH(缔合)	2700～2500	中、宽	O—H 伸缩振动
	P—O	1100～950	—	P—O 伸缩振动
	P═S	800～650	—	P═S 伸缩振动

表 12　有机硅化合物特征吸收峰位置

基团	峰位/cm^{-1}	强度	振动类型
Si—H	2250～2100	强	Si—H 伸缩振动
	950～800	强	Si—H 伸缩振动
Si—OH(游离)	约 3690	中—强	O—H 伸缩振动
(缔合)	约 3250	中—强	O—H 伸缩振动
	910～830	中	Si—O 伸缩振动
Si—O	1100～1000	强而宽	Si—O 伸缩振动
Si—O—R	1100～1000	强	Si—O—C 伸缩振动
Si—C	890～690	强	Si—C 伸缩振动
Si—苯基	1430～1425	特强	芳环振动吸收
	1135～1090	特强	芳环振动＋Si—C 伸缩振动
Si—O—Si(链状)	1090～1020	强、宽	Si—O—Si 骨架振动
(环状)	1080～1050	强	Si—O—Si 骨架振动
SiO_3(硅酸盐)	1100～900	强	O═Si—O—伸缩振动
Si—Cl	约 465	强、尖	Si—Cl 伸缩振动

表 13　某些杂环化合物的特征吸收峰

杂环化合物类型	杂环母体结构式	吸收带/cm^{-1}	备注
呋喃类化合物	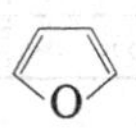	3165～3125	ν_{CH},其他如芳香化合物类同,吸收带频率高于 $3000cm^{-1}$
		1400～1300	$\nu_{C=C}$ 环伸缩振动,在 $1600cm^{-1}$,$1500cm^{-1}$ 和 $1400cm^{-1}$ 附近产生三条吸收带;其位置与相对强度变化决定于取代基的类型(吸电子基,强度都增加)
		1030～1015	
		885～870	尖,最为特征
		800～740	吸收带的范围较宽,有时分裂
吡咯类化合物	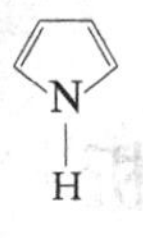	3490	ν_{NH} 颇尖而特征,强度比饱和仲胺类强得多,发生氢键时,约降低 $90cm^{-1}$
		3125～3100	ν_{CH},弱,频率比烯烃的高
		1600～1500	$\nu_{C=C}$,约在 $1565cm^{-1}$ 与 $1500cm^{-1}$ 处产生两条吸收带,位置与强度随取代的变化而变化
噻吩	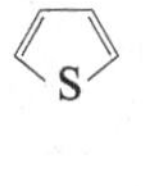	3125～3050	ν_{CH},位置特征
		≈1520～1040	$\nu_{C=C}$,当与其他基团共轭时更为清晰,未形成共轭时,多数情况下约在 $1040cm^{-1}$ 带不存在
		750～690	噻吩最强的吸收带,连吸电子基时,位置向高频方向移动

续表

杂环化合物类型	杂环母体结构式	吸收带/cm^{-1}	备注
α-吡喃酮类化合物	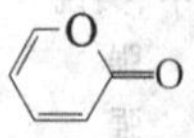	1740～1720	常受溶剂的影响而发生分裂
		1650～1620 1570～1540	$\nu_{C=C}$吡喃环的特征带
γ-吡喃酮类化合物	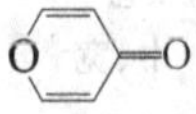	1680～1650	吸收位置受取代基的影响不大,极少分裂
		1650～1600 1590～1560	$\nu_{C=C}$,强度可变,通常表明含有吡喃环
吡啶类化合物		3075±15	ν_{CH}
		3030±20	ν_{CH}
		2000～1650	δ_{CH}的倍频及合频
		1600±15 1570±15 1500±20	ν_{C-C}环伸缩振动强度与取代基的位置及类型有关
吡啶类化合物		1435±20 920～720	δ_{CH}面外振动,强吸收带的位置与相对强度代表取代类型的特征
		795～780 755～745	α-烷基取代物
		810～795 约715	β-烷基取代物
		820～795 775～710	γ-烷基取代物
		780～740 920～880	α-其他取代物
		820～770 730～690	β-其他取代物
		850～790 725	γ-其他取代物

表 14　D-吡喃葡萄糖的特征吸收峰

吸收峰类型		1型	2型(a和b)	3型
归属		类似于二氧六环的环振动	C_1—H弯曲振动	吡喃环呼吸振动
吡喃糖	α	(917±3)cm^{-1}	(844±8)cm^{-1}(2a)	(766±10)cm^{-1}
	β	(920±5)cm^{-1}	(891±7)cm^{-1}(2b)	(774±9)cm^{-1}

表 15　α-多糖的 1～3 型吸收峰

吸收峰类型		1型	3型	2a型
键型	α-1,4(如淀粉)	(930±4)cm^{-1}	(758±2)cm^{-1}	(844±8)cm^{-1}
	α-1,6(如葡聚糖)	(917±2)cm^{-1}	(768±1)cm^{-1}	(844±8)cm^{-1}
	α-1,3(如茯苓聚糖)		(793±3)cm^{-1}	(844±8)cm^{-1}

实验3　红外光谱定量分析

一、实验目的与任务

1. 学习红外光谱定量分析的基本原理。
2. 了解定量分析中实验参数的选择。
3. 了解红外定量分析中需要注意的事项。

二、实验器材

红外光谱仪：Nicolet 380 型。

三、实验内容及实验方法

（一）红外光谱定量分析的基本原理

朗伯-比尔定律是用红外分光光度法进行定量分析的理论基础，是由朗伯定律和比尔定律合并而成的。

根据朗伯吸收定律，在均匀介质中辐射被吸收的分数与入射光的强度无关。如图 6-9 所示，设入射光强度为 I_0，入射光穿过样品槽后强度为 I，样品的厚度为 b，一束平行单色光穿过无限小的吸收层以后，则其强度的减弱量与入射光的强度和样品的厚度成正比，即：

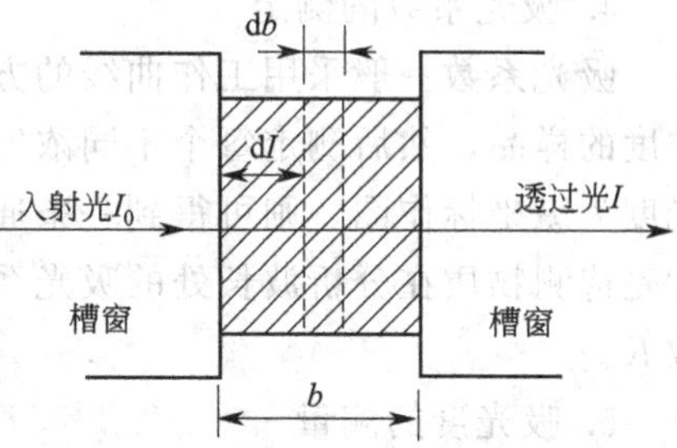

图 6-9　样品的吸收使入射光强度降低

$$-\mathrm{d}I=\mu I\mathrm{d}l \tag{6-6}$$

其解为：

$$I=I_0\mathrm{e}^{-\mu b} \tag{6-7}$$

或

$$T=\frac{I}{I_0}=\mathrm{e}^{-\mu b} \tag{6-8}$$

或

$$A=\lg\left(\frac{1}{T}\right)=\lg\left(\frac{I}{I_0}\right)=kb \tag{6-9}$$

比尔研究了在吸收层厚度固定时吸光度与吸收辐射物质浓度的关系，得到了吸光度与吸收辐射物质的浓度成正比的规律，即：

$$\lg\left(\frac{I_0}{I}\right)=K'C \tag{6-10}$$

联合两定律，即得出朗伯-比尔定律：

$$A=\lg\left(\frac{I_0}{I}\right)=KCb \tag{6-11}$$

此定律表明，吸光度与吸收物质的浓度及吸收层的厚度成正比。若浓度 C 用 mol/L 表示，厚度以 cm 表示，则常数 K 就是摩尔吸光系数，简称吸光系数，单位为 L/(mol·cm)。

（二）定量分析的条件选取和各参量测定

1. 分析波长（或波数）的选择

根据朗伯-比尔定律，考虑最大限度地减小对比尔定律的影响，定量分析选择的分析波长（或波数）应满足以下条件：①所选吸收带必须是样品的特征吸收带；②所选特征吸收带不被溶剂或其他组分的吸收带干扰；③所选特征吸收带有足够高的强度，并且强度对定量组分浓度的变化有足够的灵敏度；④尽量避开水蒸气和二氧化碳的吸收区。

2. 最适透过率的选择

定量分析的精度取决于测定分析谱带透过率的精度。透过率过大或过小，都会造成定量分析精度的下降。计算表明，透过率在 36.8%时，其相对误差最小。但实际定量分析中，不可能保持透过率 36.8%，而一般将透过率保持在 25%～50%时，就可以获得比较满意的结果了。

3. 分光计操作条件的选择

红外光谱定量分析要求仪器有足够的分辨率，而分辨率主要取决于狭缝的宽度，狭缝越窄，分辨率越高。此外，定量分析时，要时刻保持分光计的稳定性。选择窄的狭缝，虽然提高了分辨率但入射光能量大大减弱，势必要提高放大器的增益才能进行测量，从而使噪声增大，造成测量稳定性的下降。实际操作中，只能先保证到达检测器上的光有足够的能量，并降低放大器的增益，再在此基础上尽可能减小狭缝宽度。

4. 吸光系数的测定

吸光系数一般采用工作曲线的方法来求得，也就是把待测物质用同一配剂配成各种不同浓度的样品，然后测定每个不同浓度样品在分析波长处的吸光度。以样品浓度为横坐标，吸光度为纵坐标作图，则可得到一条通过原点的直线。由朗伯-比尔定律可知，该直线的斜率就是待测物质在分析波长处的吸光系数和厚度的乘积 Kb，将该斜率值除以 b 即得到吸光系数 K。

5. 吸光度的测量

测量吸光度的方法主要有顶点强度法和积分强度法。

(1) 顶点强度法　在吸收带的最高位置（吸收带的顶点）进行吸光度的测定，因而有较高的灵敏度。具体测定时又分为带高法和基线法。

带高法依据谱带高度与吸光度成正比的规律，直接量取谱带高度，扣除背景作为吸光度，适合于一些形状比较对称的吸收带的测量。

基线法主要用于测量形状不对称的吸收带的吸光度。先选择测量谱带两侧最大透过率处的两点划切线作为基线，再由谱带顶点作平行于纵坐标的直线，从这条直线的基线到谱带顶点的长度即为吸光度。图 6-10 中示意地给出了基线的常用画法。

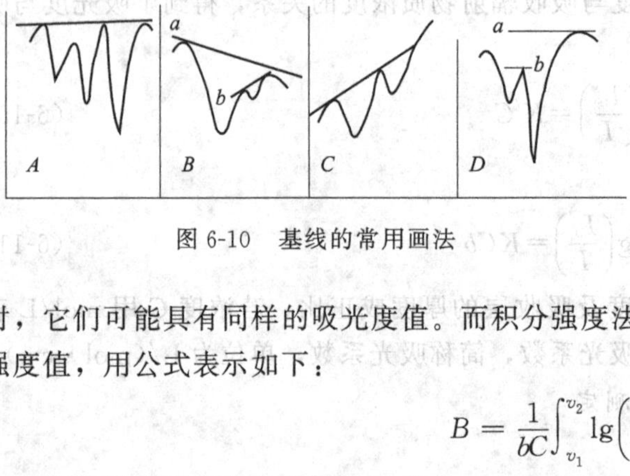

图 6-10　基线的常用画法

(2) 积分强度法　积分强度法也叫面积强度法。顶点强度法的一个弱点是不能完全定量地反映化学结构与吸光度的关系。例如，宽的和窄的吸收带吸收的能量是不同的，但用顶点强度法测量时，它们可能具有同样的吸光度值。而积分强度法测量的是某一振动形式所引起吸收的全部强度值，用公式表示如下：

$$B=\frac{1}{bC}\int_{v_1}^{v_2}\lg\left(\frac{I_0}{I}\right)\mathrm{d}v \tag{6-12}$$

积分强度可用求积仪求吸收带的面积来表示，也可用剪下吸收带面积的记录纸称其质量的方法来表示，但要求记录纸的质量必须均匀。积分强度法虽可克服顶点强度法的缺点，但比较复杂，因而实际使用也少。

（三）定量分析的方法

1. 标准法

标准法首先测定样品中所有成分的标准物质的红外光谱，由各物质的标准红外光谱选择每一成分与其他成分吸收带不重叠的特征吸收带作为定量分析谱带，在定量吸收带处，用已知浓度的标准样品和未知样品比较其吸光度进行测量。采用标准法进行红外定量分析，绝大多数是在溶液的情况下进行的。

利用一系列已知浓度的标准样品，测定各自分析谱带处的吸光度，而后，以浓度为横坐标和对应的吸光度为纵坐标作图，就可获得组分浓度和吸光度之间的关系曲线，即工作曲线。由于这种方法是直接和标准样品对比测定，因而系统误差对于被测样品和标准样品是相同的。如果没有人为误差，那么该法可以给出定量分析的最精确的结果。同时，该法不需要求出某一定量分析谱带的吸光系数，而只要求出样品在该分析谱带处的吸光度，即可由工作曲线求出该组分的浓度。

2. 吸光度比法

假设有一个两组分的混合物，各组分有互不干扰的定量分析谱带，由于在一次测定中样品的厚度相同，则在同一状态下进行两个波长的吸光度测定时，根据朗伯-比尔定律，其吸光度之比 R 可以写成

$$R=\frac{A_1}{A_2}=\frac{K_1C_1b}{K_2C_2b}=\frac{K_1C_1}{K_2C_2}=K\frac{C_1}{C_2} \tag{6-13}$$

又因

$$C_1+C_2=1$$

则

$$C_1=\frac{R}{K+R}$$

$$C_2=\frac{K}{K+R} \tag{6-14}$$

从上式可以看出，只要知道二元组分在定量分析谱带处的吸光系数（利用标准物质或标准物质的混合物求出），就可求出各组分的浓度。这种方法避免了精确测定样品厚度的困难，测试结果的重复性好，比标准法简便一些，因而获得了较普遍的应用。

3. 补偿法

在对混合物样品进行定量分析时，往往由于吸收带重叠的干扰，即使根据吸收带的对称性和吸光度的加和性原则对重叠谱带加以分离处理，有时也难以得到满意的结果。所谓补偿法，就是在参比光路中加入混合物样品的某些组分，与样品光路的强度比较，以抵消混合物样品中某些组分的吸收，使混合物样品中的被测组分有相对孤立的定量分析谱带。其实质就是通过补偿法将多元混合物中的组分减少，以消除或减少吸收带的重叠和干扰，使各组分的分析能够独立地进行。

通常，补偿法更适合溶液或液体混合物的测试，它不仅适合于混合物中主要组分的定量分析，而且也适合于混合物中微量组分的定量分析，可测定混合物中含量在 0.001%～1% 的微量组分。

四、注意事项

（1）吸光度和透过率是不同的两个概念，透过率和样品浓度没有正比关系，而吸光度与浓度成正比。

（2）吸光度的另一优点是它具有加和性。若二元和多元混合物的各组分在某波数处都有吸收，则在该波数处的总吸光度等于各组分吸光度的算术和，但样品在该波数处的总透过率并不等于各组分透过率的和。

五、思考题

1. 红外定量分析的基本原理是什么？
2. 为什么红外光谱分析中用得较多的是定性分析而不是定量分析？

第七章　X射线成分分析

实验1　X射线能谱仪成分分析

一、实验目的

1. 了解能谱仪的结构及工作原理。

2. 学会正确识别和分析能谱检验结果。

3. 了解能谱分析方法的适用性及局限性，学会正确选用微区成分分析方法。

二、能谱仪结构及工作原理

在高能量电子束照射下，样品原子受激发产生的特征X射线是一种电磁辐射，可以用两种方式描述。若将其看成连续的电磁振动，则它是具有固定波长的电磁波。每一种元素各有其特征的X射线波长，并可利用已知晶面间距的分光晶体，根据布拉格公式予以测定，这就是X射线波谱分析。另一方面，还可以把X射线看成由不连续的光子组成的射线。光子能量：

$$E=h\nu$$

特征X射线的光子有一定的振动频率，即具有一定的能量，而每种元素的特征X射线能量不同。因此，如果用某种探测器测出X射线光子的能量，同样可以达到鉴定化学成分的目的。这就是X射线能量色散谱分析。

（一）能谱仪结构

目前我国使用的能谱仪主要来自英国、荷兰及美国，探头的能量分辨率为130eV（SEM）和145eV（TEM）。定性及定量分析的全部操作计算均由计算机按给定的程序自动进行。本实验将以英国牛津仪器公司的INCA X-MAX 50型为例对能谱仪的结构原理和操作分析方法作简要说明。作为微区化学成分的分析仪器，能谱仪在绝大多数情况下都是作为

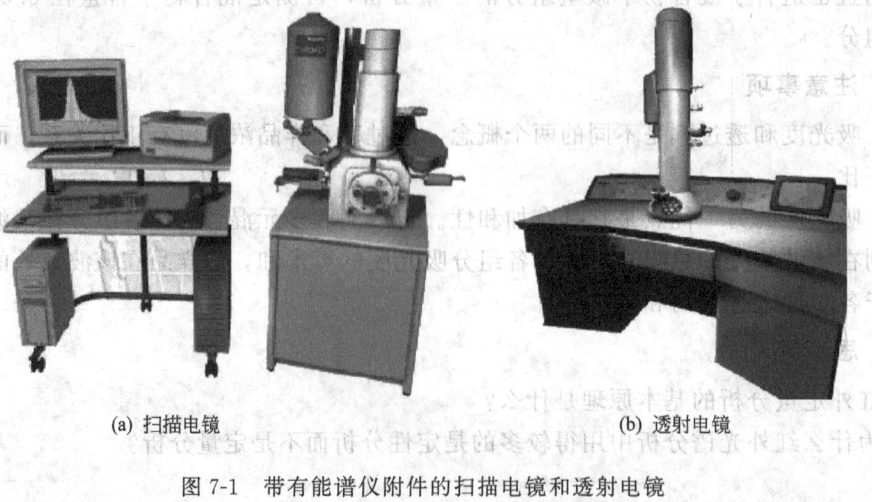

(a) 扫描电镜　　(b) 透射电镜

图7-1　带有能谱仪附件的扫描电镜和透射电镜

扫描电镜和透射电镜的附件而使用的，因此，它同主机共用一个电子光学系统。如图 7-1(a)、图 7-1(b) 所示，可在分析样品表面或内部结构的同时，探测感兴趣的某一微区的化学组成。

能谱仪的主要部件组成如图 7-1(a) 所示。X 射线探测器固定在电镜的镜筒上。主机内容纳了信号处理器、模数转换器、多道脉冲高度分析器等，视频显示及储存系统都在计算机上完成。按照各部件的功能，可将能谱仪分为控制及指令系统、X 射线信号检测系统、信号转换及储存系统和结果的输出及显示系统四部分。

1. 控制及指令系统

控制及指令系统主要通过计算机控制。操纵者通过键盘或鼠标，向计算机发出指令，调用分析计算所需的各种程序以及回答计算机提出的问题等。

2. X 射线信号检测系统

如图 7-2 所示，包括 Si（Li）固体探头、场效应晶体管、前置放大器及主放大器等主要器件，其作用是将接收的 X 射线信号进行转换和放大，得到与 X 光子能量成比例的电压脉冲信号。

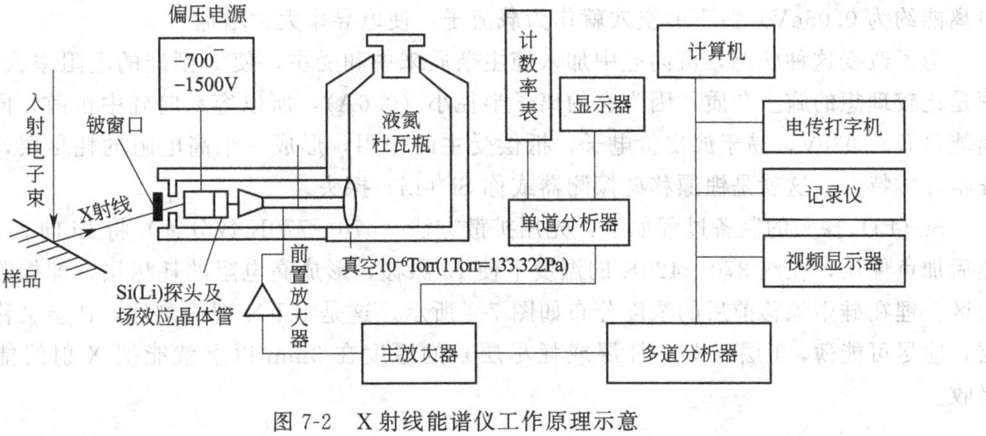

图 7-2 X 射线能谱仪工作原理示意

3. 信号转换及分类、储存系统

信号转换及分类、储存系统即多道脉冲高度分析器（简称分析器）。它包括模数转换器及储存器等部件，其主要作用是将主放大器输出的电压脉冲信号转换为高频时钟脉冲数，并将其储存到代表不同能量值的相应通道中，完成对不同能量的 X 射线光子分类和记数。

4. 结果的输出及显示系统

结果的输出及显示系统包括打印机及视频显示器，可将成分分析结果以数字形式打印输出，或以谱线图像形式显示在荧光屏上，并可进行储存记录。

（二）Si(Li) 固体探头的工作原理及构造

与气体成正比记数管相似，固体探头也是依靠 X 射线的电离作用产生脉冲信号，只是这时产生电离的介质是固体而不是气体。量子力学指出，晶体中电子的能电只能处于某种特定能带内。硅之类的半导体具有完全占满的“价带”和未被占据的“导带”，导带的能量较高，与价带相隔一个能量间隙（禁带），如图 7-3 所示。入射的 X 射线使电子从价带跃迁到导带中，并

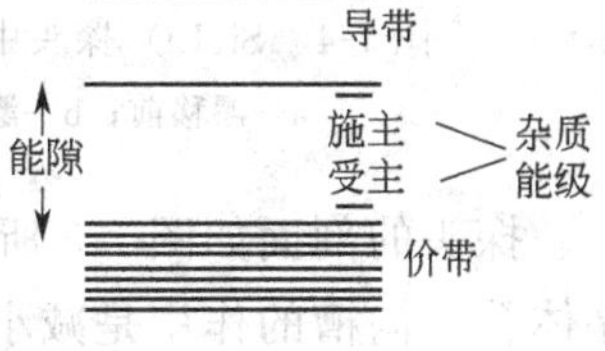

图 7-3 半导体价带示意

在价带中留下空穴，相当于图 7-3 半导体的能带示意图于自由正电荷。此时，外加一个电场就会使载流子（电子和空穴）很快地向电极移动，产生电流。

X 射线进入探头后首先通过光电效应使硅原子处于激发状态，同时放出光电子。光电子在电离过程中产生大量电子-空穴对。处于受激状态的硅原子，在弛豫过程中放出俄歇电子或射线（如 Si_{K_α}）。俄歇电子的能量将很快消耗在探头物质内，产生电子-空穴对。X 射线又可通过光电效应将能量转给光电子或俄歇电子。这种过程一直继续下去，直到能量消耗完为止。在硅中产生一对电子-空穴所需的最小能量等于其能量间隙 1.1eV，但是有些能量消耗在激发晶格振动等方面。据测定，在 100K 温度下，在硅中产生一对电子-空穴的平均能量为 3.8eV。由于固体探头本身没有放大作用，所以若 X 射线的能量为 E（例如 $E_{CuK_\alpha}=8.04keV$），产生一对电子-空穴所需的能量为 ε（对于 Si，$\varepsilon_{Si}=3.8eV$），则一个 Cu_{K_α} X 射线光子可产生的电子-空穴对数目 $N=E/\varepsilon=2100$。

在理想情况下，在纯粹的半导体中，电子数和空穴数相等，称为本征半导体。它具有高电阻率和低噪声。但是实际得到的最纯的硅也由于存在杂质而使其电阻率降低。最主要的杂质是硼，它使硅有“P 型”性能。P 型硅的电导率主要是由刚好在价带上面的受主能级产生的，这是由于在 4 价硅中存在 3 价的杂质原子。电子很容易从价带跃迁而占有受主能级（其电离能约为 0.05eV）留下的空穴就作为载流子，使电导率大大增加。

为了改变这种状况，可向硅中加入施主杂质来中和受主，使 P 型硅的电阻率大大增加。锂是比较理想的施主杂质，因为它的离子半径小（0.6Å），所以容易向硅中扩散，同时其电离能只有 0.03eV，易于放出价电子，抵偿受主的作用，形成一个高电阻的耗尽层，具有本征半导体特性。这就是锂漂移硅探测器或称 Si（Li）探头。

Si（Li）探头的制备过程如下：先用扩散方法（570～770K 数分钟）将 Li 向 Si 内扩散，然后加负偏压，在约 370～420K 的温度下使 Li 漂移，形成高电阻的耗尽层，即探测器的灵敏区。锂在硅中漂移前后的浓度分布如图 7-4 所示。这是 P-I-N 型探测器，P 层又称为失效层，应尽可能薄，I 层（即本征层或耗尽层）的厚度在 3mm 以上就能把 X 射线能量全部吸收。

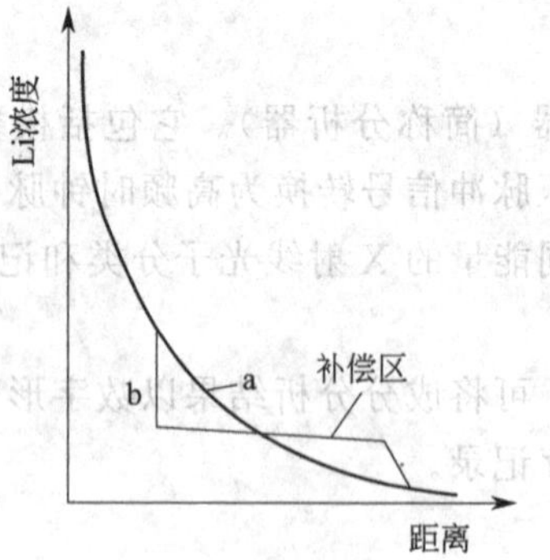

图 7-4　Si(Li) 探头中 Li 的分布

a—漂移前；b—漂移后

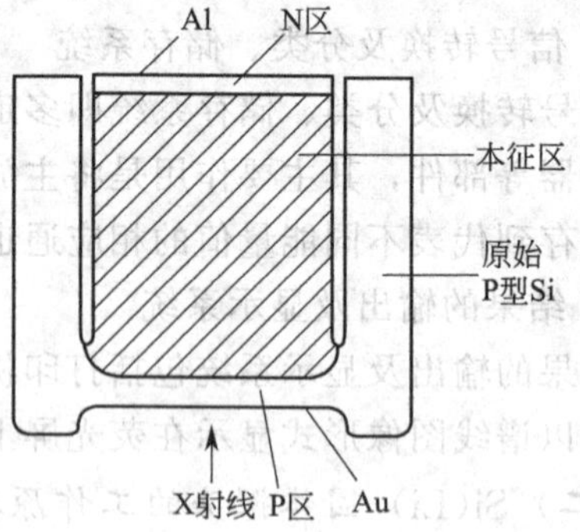

图 7-5　Si(Li) 探头剖面

探头的剖面如图 7-5 所示。探头前的镀金表面接到负偏压上，背面的正电极接到场效应晶体管。沟槽的作用是减小边界效应的影响。Si(Li) 探头没有内部增益，因此，1～10keV 的 X 射线产生的输出脉冲仅包含 260～2600 个电子，大约相当于 10^{-16}C 的电量。由于信号这样小，所以要求采用低噪声、高增益的放大器，通常采用场效应晶体管，并使其与探头直接紧贴在一起，探头和场效应管都放在约 100K 的低温恒温器中，以防止锂的扩散并降低噪声。

由于探头处于低温环境，表面容易结露污染，所以放在较高的真空中（真空度约 10^{-4} Pa），并用铍窗将其与样品室隔开。铍窗厚度约 7～8μm，其作用是：①防止水汽及扩散泵油分子污染；②起遮光作用，防止探头受光线照射后产生本底噪声和干扰信号；③吸收背散射电子，这也是噪声的一个来源；④起真空密封作用。然而，正是由于铍窗的存在，使得超轻元素（如 C、N、O 等）的 X 射线被严重吸收而无法进行检测。所以，一般的能谱探头只能检测 Na(z=11) 以上的元素。为了解决这个问题，近十几年来人们制造出超薄窗探头和无窗口探头，使超轻元素可以进行检测，检测的范围从$_4$Be～$_{92}$U 元素。

（三）多道脉冲高度分析器（MCA）

不同元素的特征 X 射线能量不同，经探头接收、信号转换和放大后其电压脉冲的幅值大小也不同。MCA 的作用是将主放大器输出的、具有不同幅度的电压脉冲（对应于不同的 X 光子能量）按其能量大小进行分类和统计，并将结果送入存储器并输出给计算机。

放大器的输出电压幅度是模拟量，只有把它变成数字量才能分类、存储。这一工作由模数转换器（ADC）完成。每一信号脉冲经 ADC 后变成了一定的时钟脉冲数目，并被存储到相应道址的存储器中，使该道址的存储记数加 1（表示又有一个这种能量的 X 光子被检测到）。如 X 光子能量低，峰值电压低，电容放电时间短，时钟脉冲数少，则被记入较小数字的道址；相反，能量高的 X 光子，被记入较大数字的道址。这样就把 X 射线信号按能量大小进行了分类，并在存储器中记下了对应于每种能量值的 X 光子数目。这些数字可以谱线的形式，在横坐标表示道址（能量），纵坐标表示光子计数的图形中显示，或通过电传打字机记录下来。

能谱仪中每一通道所对应的能量大小通常可以是 10eV/ch、20eV/ch（Channel，通道）。对于常用的 1024 个通道的分析器，可检测的 X 光子的能量范围相应为 0～10.24keV，0～20.48keV。实际上 0～20.48keV 的能量范围已足以检测周期表上所有元素的 X 射线。

三、能谱成分分析方法

为了正确地利用能谱仪进行分析，首先需要把每个元素的特征 X 射线在显示器上准确地定位，即对峰的能量位置进行标定。这一工作应定期进行，以确保分析结果准确。这对定量分析时峰的剥离尤为必要。

系统的能量标定包括获得一个 X 射线谱，它应在已知能量处有两条强 X 射线（例如 Cu_{K_α} 8.04keV 及 Al_{K_α} 1.48keV），用游标测定这两个峰的能量，如与上述数值不符，则可通过调节检测系统和模数转换器的控制器上的“零点”和“增益”，使两个峰都恰好落在它们所对应的能量位置上。调节可以手动也可以自动进行。至此，仪器开始进入正式工作状态。

（一）数据采集

数据采集的任务是在显示器上获得反映样品化学成分的、具有一定强度的 X 射线谱。这是进行定性及定量分析的必要环节。此过程的执行可通过预置参数进行控制。对于 ISIS300 系统，可通过下述三种方式之一实现：

（1）预置最大计数：通过键盘输入想要得到的 X 光子的最大计数值，当过程执行到此数值时，数据收集自动停止，能输入的最大数值是999999。

(2) 预置分析时间：也称为活时间 (Live Time)，其可供选择的范围为1～999999s，根据分析工作的需要选择。

在活时间中，系统允许新的X射线信号通过。它是作为数据收集的函数而变化的。在低速率下，系统几乎一直准备接收一个新的X射线信号，因而在这里，活时间与时钟时间几乎相等。在高速率下，当一个新信号到达时，系统可能还在忙于处理前一信号，因而此时活时间和时钟时间存在差异。时钟时间只不过是分析过程的消逝时间而与数据收集的速率无关，它总是大于活时间。

所有定量计算都用活时间，以避免X射线与收集速率不同带来的误差。在各种操作方式中，记录的也都是活时间，并用活时间计算CPS。

(3) 选择OFF键，则将消除掉全部的预置。当需要终止数据收集过程时，必须使用STOP键。

(二) 定性分析

为了对数据收集过程所获得的谱线进行定性分析，一是可利用功能键中的AUTO ID键(AUTO Identification，表示“峰的自动鉴别”)。此时在屏幕上出现“可能出现的元素”窗口，选定某一元素后，鉴别功能是通过在谱图下方显示出给定元素的K、L及M线系位置，并使其与谱线相对照来实现的。二是可使用手动点击谱峰所在的位置，此时在屏幕上出现“所有可能的元素”的窗口，通过比较分析，确定该谱峰的元素并进行元素符号的标注。如图7-6为Mg-Zn-Y三元合金表面定点元素分析示意图。

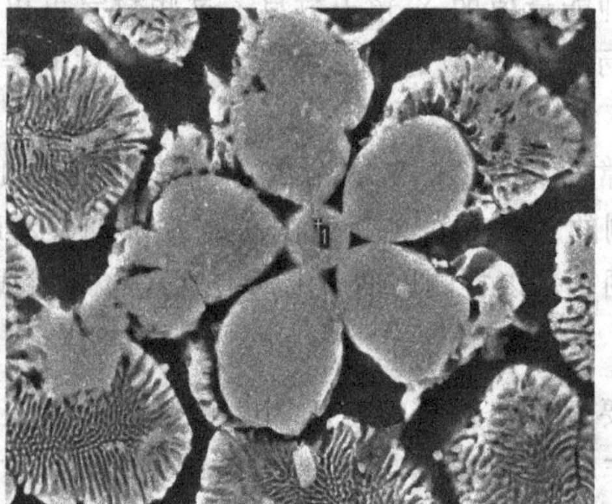

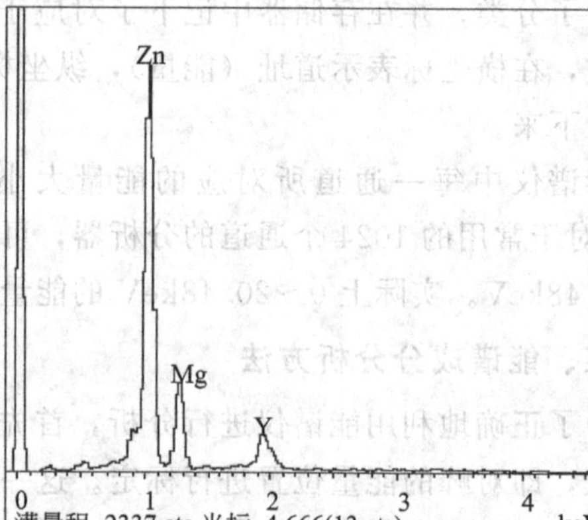

图7-6　定点定性分析示意

(三) 定量分析

在完成定性分析后，按“QANT”键，系统进入定量分析状态。有三种分析方法可供选择，即全标样定量分析，部分标样定量分析和无标样定量分析。对于前两种有标样的定量分析计算，可以利用过去储存的标样数据，也可以利用已知成分的样品当场建立标样文件。其主要过程为：利用已知成分样品收集数据（获得能谱曲线）——峰鉴别——扣除背底——输入每个元素的浓度数据（质量分数）。计算机算出校正因子，并列出各相应元素的纯强度和统计误差。此时，操作者应根据每一元素的统计误差大小，决定是否采用该元素的数据作为标样（一般情况下，当误差＜2%时，可用作标样）。如被采用，则此数据被记录在磁盘中，并由操作者给上述几种元素的标样数据起个名称（用字母或数字，不超过六个字符），以便于以后应用时随时提取。

在进行全标样及部分标样的定量计算时，其操作步骤为：用未知成分的样品建立谱线——峰鉴别——背底扣除——调用标样文件——输入电镜参数（高压值、样品倾斜角和X射线取出角）——计算机给出被分析样品中各元素的原子百分比、质量分数及统计误差。无标样定量分析的步骤除没有“调用标样文件”一项外，其余与上述操作程序相同。表 7-1 是图 7-6 样品的定量分析结果。

表 7-1 定点定量计算结果

元 素	元素浓度	强度校正	质量分数	质量分数 Sigma	原子百分比
Mg K	0.79	0.5376	18.26	0.74	38.69
Zn L	4.94	0.9213	66.89	1.23	52.71
Y L	0.72	0.6050	14.85	1.32	8.60
总量			100.00		

值得注意的是，在进行X射线能谱分析时，要获得准确的定量分析数据，除了正确选用ZAF修正公式和有关参数外，还必须注意下列因素的影响。

(1) 样品污染 电子束使镜筒中的气体，主要是碳-氢化合物电离，并在样品上的电子束照射区堆集起来，形成非晶质的碳层。入射电子束愈细，污染物便愈集中，影响也愈严重。

污染的另一来源是样品安放前一般都用酒精或其他溶剂清洗过，在电子束照射下，碳便沿样品表面往电子束照射区迁移和聚集，形成非晶质的碳层。

上述污染将在样品表面产生污染斑，它对分析结果的影响表现在使电子束扩展，从而样品上受激发区大于所选定的尺寸，产生一些不应有的信号；同时污染使电子束进入样品前受到散射，降低入射电子的能量，使信号的峰值强度改变，使分析结果产生误差。

为消除镜筒中气体引起的污染，可采用高真空技术，而为净化样品表面，可预先对样品进行加热或蒸发处理，还可用大面积的强电子束照射样品，迫使污染物粘牢在样品表面，防止以后这些污染物向被检测区集中。采用带液氮冷阱的样品台及尽量缩短分析时间，都将大大降低样品表面的污染程度。

(2) 样品化学成分的影响 在电子束照射下，镜筒气体中的CO、H_2和水蒸气等被电离，并和样品表面上被照射区的物质相互作用。由于元素化学性质的差异，其中一种或几种元素将优先从样品表面被打跑（剥离），从而影响分析结果。

(3) 样品制备过程的影响 在用电解抛光法减薄样品的过程中，常常在样品表面产生很薄的一层异物，它将对X射线计数值产生影响。样品越薄，影响越明显。在图 7-7 中，同一块 Al-Ag 合金样品上，随着厚度增加 I_{Ag}/I_{Al} 值连续下降。这显然是假象。该样品中的浓度是一定的，不应随厚度的改变而改变。产生假象的原因是由于样品在电解抛光时表面有异物沉积。图 7-7 中的水平线是在离子减薄后的样品上测得的。由于样品表面没有异物，图 7-7 样品制备方法的影响浓度不随厚度而变，而给出正确的结果。

(4) 样品厚度及被检测区环境的影响 由于入射束电子在穿过样品时受到多次散射，使电子束变宽，从而使成分分析的空间分辨率降低，或使产生信息的体积大于要求的区域，这些都会增大分析误差。因此，为得到准确的分析结果，应采用细电子束及薄样品。被分析区样品厚度应不超过电子束直径的 3～4 倍。

（四）线扫描分析

能谱仪在作为扫描电镜和透射电镜的分析附件使用时，还可以对样品表面进行线扫描分析和面扫描分析。使聚焦电子束在试样观察区内沿一选定直线（穿越粒子或界面）进行慢扫描。能谱仪处于探测元素特征 X 射线状态。显像管射线束的横向扫描与电子束在试样上的扫描同步，用能谱仪探测到的 X 射线信号强度调制显像管射线束的纵向位置就可以得到反映该元素含量变化的特征 X 射线强度沿试样扫描线的分布。

线扫描分析对于测定元素在材料相界和晶界上的富集与贫化是十分有效的。在有关扩散现象的研究中，能谱分析比剥层化学分析、放射性示踪原子等方法更方便。在垂直于扩散界面的方向上进行线扫描，可以很快显示浓度与扩散距离的关系曲线，若以微米级逐点分析，即可相当精确地测定扩散系数和激活性。图 7-8 为某 Mg-Zn-Y 三元合金表面线扫描结果示意图。

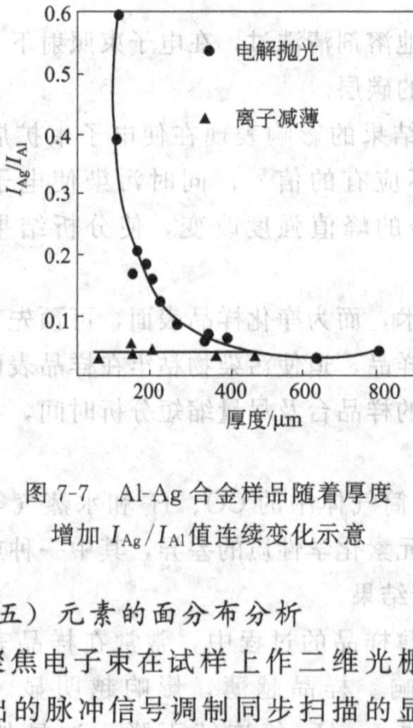

图 7-7　Al-Ag 合金样品随着厚度增加 I_{Ag}/I_{Al} 值连续变化示意

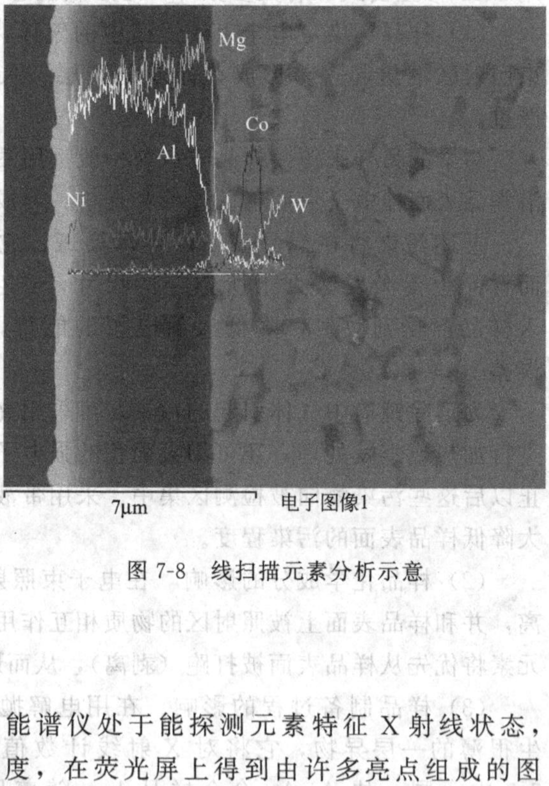

图 7-8　线扫描元素分析示意

（五）元素的面分布分析

聚焦电子束在试样上作二维光栅扫描，能谱仪处于能探测元素特征 X 射线状态，用输出的脉冲信号调制同步扫描的显像管亮度，在荧光屏上得到由许多亮点组成的图像，称为 X 射线扫描像或元素面分布图像。试样每产生一个 X 光子，探测器输出一个脉冲，显像管荧光屏上就产生一个亮点；若试样上某区域该元素含量多，荧光屏图像上相应区域的亮点就密集。根据图像上亮点的疏密和分市，可确定该元素在试样中分布情况（图 7-9）。

四、实验内容

观察能谱仪进行成分分析的过程（包括定性分析、定量分析、线扫描分析和面扫描分析），记录现象，完成实验报告。

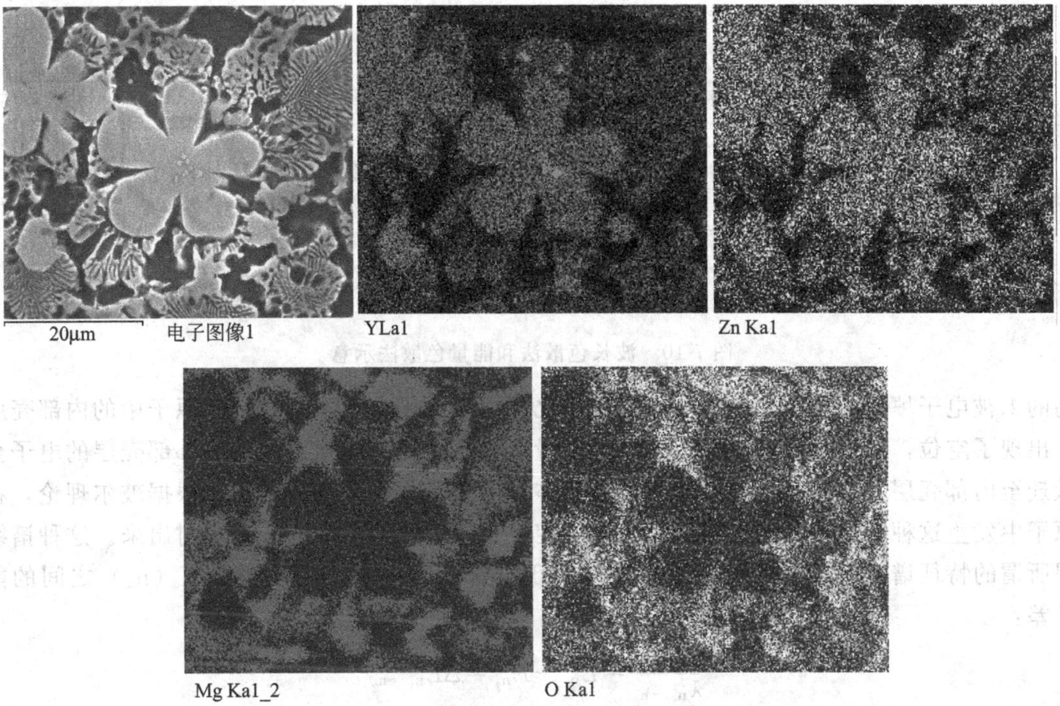

图 7-9　Mg-Zn-Y 三元合金元素面分布

实验 2　X 射线荧光光谱仪成分分析

一、实验目的

1. 了解 X 射线荧光光谱仪的结构和工作原理。
2. 掌握 X 射线荧光分析法用于物质成分分析的方法和步骤。
3. 用 X 射线荧光分析方法确定样品中的主要成分。

二、实验原理

（一）X 射线荧光光谱仪的结构

X 射线荧光光谱仪是用 X 射线或其他激发源照射待分析样品，样品中的元素之内层电子被击出后，造成核外电子的跃迁，在被激发的电子返回基态的时候，会放射出特征 X 射线；不同的元素会放射出各自的特征 X 射线，具有不同的能量或波长特性。探测系统接受这些 X 射线，仪器软件系统将其转为对应的信号。

X 射线荧光光谱仪主要由三大系统组成：X 射线激发源系统、分光光度计系统和测量记录系统。XRF 的激发源是 X 射线，其产生的原理和方式与 XRD 相同，分光光度计的作用是将一多波长的 X 射线束分离成若干单一波长 X 射线束，分光光度计的色散方式有两种，即波长色散法和能量色散法，其结构示意图分别见图 7-10(a) 和图 7-10(b)。

（二）X 射线荧光光谱分析的原理

元素产生 X 射线荧光光谱的机理与 X 射线管产生特征 X 射线的机理相同。当具有足够能量的 X 射线光子透射到样品上时会逐出原子中某一部分壳外层电子，把它激发到能级较

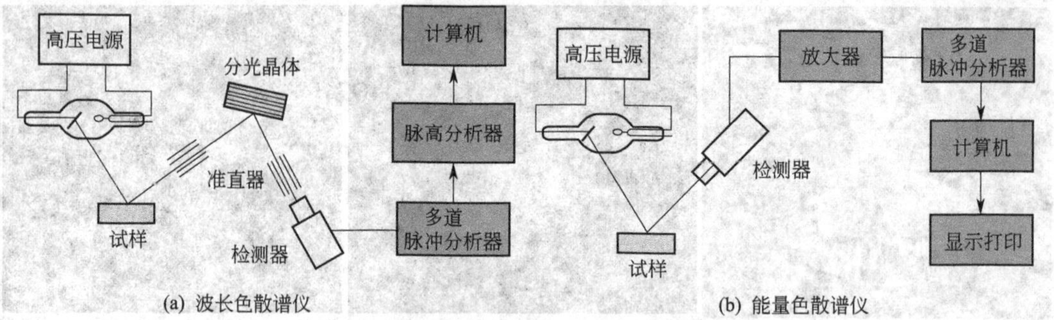

图 7-10　波长色散法和能量色散法示意

高的未被电子填满的外部壳层上或击出原子之外而使原子电离。这时，该原子中的内部壳层上出现了空位，且由于原子吸收了一定的能量而处于不稳定的状态。随后外部壳层的电子会跃迁至内部壳层上的空位上，并使整个原子体系的能量降到最低的常态。根据玻尔理论，在原子中发生这种跃迁时，多余的能量将以一定波长或能量的谱线的方式辐射出来。这种谱线即所谓的特征谱线。谱线的波长或能量取决于电子始态（n_1）和终态能级（n_2）之间的能量差：

$$\frac{h}{\lambda_{n_1-n_2}}=E_{n_1}-E_{n_2}=\Delta E_{n_1-n_2}$$

对于特定的元素，激发后产生荧光 X 射线的能量一定，即波长一定。测定试样中各元素在被激发后产生特征 X 射线的能量便可确定试样中存在何种元素，即为 X 射线荧光光谱定性分析。元素特征 X 射线的强度与该元素在试样中的原子数量成比例。通过测量试样中某元素特征 X 射线的强度，采用适当的方法进行校准与校正，可求出该元素在试样中的百分含量，即为 X 射线荧光光谱定量分析。

三、实验内容与方法

（一）仪器与试剂

德国布鲁克公司提供的 IQ 标样、待测样、清洁用酒精、电子天平、压片机、模具、硼酸、玛瑙研钵、夹子、剪刀、毛刷等。

（二）制样方法

X 射线荧光光谱分析结果的准确度与样品的制备有关。由样品带来的误差主要有：①样品组成不一致所引起的吸收-增强效应带来的误差；②由于样品的物理状态不一致及样品的化学组成不均匀所造成的误差；③由于样品中元素的化学结合状态的改变所引起分析波长的位移和形状改变带来的误差。

样品的制备方法有很多种，主要有熔融法和压片法。

(1) 压片法　压片法有粉末直接压法、加入黏结剂压片、双层压片、金属环压片等。黏结剂压片法的步骤为：将清洁模具底座置于模具盘上，放置钢环弹簧，并将内外套环放好。旋转内环使其与模具盘完全接触；称取一定量的研磨好的样品倒入模具内环中，将粉末刮平，在外环中加入黏结剂；轻按住搅拌器，转动内环后将内环抽出，并取掉搅拌器，在样品上部加入黏结剂至其完全覆盖样品，将外环上部盖子旋转盖紧；将装有待压样品的模具放在压机上加压，保持适当时间后取出样品。

压片法是一种在 X 射线荧光光谱分析中应用广泛的制样方法。压片法的样品未被稀释，适合微量元素分析。压片法所需要的样品量以不少于 2.5g 为宜。

(2) 熔片法 有些样品即使磨成很小的颗粒，也不能保证均匀性良好。但将待测样熔融成玻璃体，就可消除矿物效应和颗粒效应对测试结果的干扰。

熔融法除了可以克服矿物效应和颗粒效应外，还可以用纯氧化物或用已有的标准样品中加添加物的方法制得新的标准样品。一般情况下，熔剂和试样比通常不低于 5∶1。熔融法也存在消耗试剂量相对较大，制样时间较长和增加分析成本的缺点。稀释降低了分析样品的强度值，并含有大量的轻元素，使得背景强度增加，对测定恒量元素是不利的。熔融过程中某些元素产生挥发，影响测定准确度。

① 熔剂和添加剂。在周期表中可形成玻璃的元素有硼、硅、锗、砷、氧、硫和硒等。常用的熔剂多为锂、钠的硼酸盐，它们与样品在高温熔融过程中所产生的化学反应相当复杂，它在很大程度上取决于熔融温度、熔剂与样品间的比例及样品的组成。

对熔剂的基本要求：一定温度下能将试样完全熔融；容易浇铸成玻璃体，该玻璃体有一定的机械强度和化学稳定性，不易潮解；熔剂中不能含有待测元素。

常用熔剂为四硼酸锂和偏硼酸锂组成的混合熔剂，优点是熔点低，流动性好，便于浇铸。它们几乎适用于所有含硅的或含铝的氧化物矿石及无机非金属材料。

为降低基体中元素间吸收增强效应，在熔融过程中加重吸收剂如 BaO，CeO_2，$BaSO_4$，La_2O_3。对于非硅酸盐试样，有时需要将加入占样品总量 25%以上的 SiO_2，以促使形成玻璃体。但若样品本身需要分析 Al 或 Si 时，可用 GeO_2 代替 SiO_2。

② 坩埚材料的选择。在 X 射线荧光光谱分析中，坩埚及浇铸模具的材料主要选择 5% Au-95%Pt。使用该坩埚时，要注意在熔融过程中，某些元素可与 Pt 形成低熔点合金或共晶混合物，造成对坩埚的损害。对于这些元素，只要在熔融前充分氧化成氧化物，则不会对坩埚构成伤害。

③ 熔融步骤。确定熔剂与试样的比例。这一比例应视样品和分析要求而定；对于难熔的待测样可将比例提高，但是这对超轻元素和痕量元素的测定是不利的。含有有机物的样品应在熔融前于 450℃以上预氧化，使有机物分解。

对于硫化物、金属、碳化物、氮化物、铁合金之类的试样，必须在熔融前对试样进行充分预氧化。试样与熔剂在高温熔融下，熔融温度随试样种类和所用熔剂而变，原则是保证试样完全分解而形成熔体，通常熔融温度为 1050～1200℃。

通常浇铸前，熔融体必须先加入 NH_4I、LiBr、CsI 等脱模剂中的一种。这些试剂与熔剂一起加入，每次仅需要加 30mg。浇铸前熔融体必须不含气泡，模具要预先加热，其温度不低于 1000℃，熔融物倒入模具后，将含熔融体的模具用压缩冷空气冷却器底部，使之逐渐冷却至室温，而后取出熔融玻璃体，以供测试。

④ 熔融法制备标准样品。标准样品熔融体的制备方法：直接用与分析样品组成相似的标准样品与熔剂熔融制成玻璃体；或以纯氧化物直接配制，分析氧化物、硅酸盐和碳酸盐样品中的各个元素。直接将标准样品粉末与四硼酸锂和偏硼酸锂组成的混合熔剂熔融，并测定该混合物的空白样的背景值，分析并校正获得所需要的测试校准曲线。

(三) S Tiger 8 X 荧光光谱分析仪的操作规程

(1) 开空压机电源，检查二次压力为 5.0bar（$1bar=10^5Pa$）；开水冷机电源，并调节水流压力至 4bar；开 P10 气体，设定二次压力为 0.7～0.8bar。

(2) 开稳定电源开关；开计算机，运行分析软件

(3) 在主机状态图中检查仪器真空度、P10 气体流量、开高压开关、水流量，等仪器内部温度稳定后进行分析。

(4) 将相应监控标样放入样杯中，选择相应程序自动测量校正；对于 IQ 标样，测样完后还需要进行漂移校正。

(5) 将待测样品放入样杯中，选择相应程序进行自动校正。

(6) 测样完毕后，利用仪器自带软件程序，得出定性及定量分析结果。

四、思考题

1. 采用 X 射线荧光光谱法测量元素周期表中的轻质元素存在较大困难的原因？

2. X 射线荧光光谱法测量的优势和不足之处？

附录一 元素特征X射线的能量E(eV)和波长λ(Å)一览表

原子序号	元素符号	名称	K_α	$\lambda_{K\alpha}$	K_β	λ_{K_β}	L_α	λ_{L_α}	M_α	λ_{M_α}
1	H	氢	—							
2	He	氦	—							
3	Li	锂	0.054	229.593						
4	Be	铍	0.109	113.743						
5	B	硼	0.183	67.749						
6	C	碳	0.277	44.758						
7	N	氮	0.392	31.628						
8	O	氧	0.525	23.615						
9	F	氟	0.677	18.313						
10	Ne	氖	0.849	14.603						
11	Na	钠	1.041	11.910	1.067	11.619				
12	Mg	镁	1.254	9.887	1.296	9.566				
13	Al	铝	1.487	8.338	1.553	7.983				
14	Si	硅	1.740	7.125	1.829	6.779				
15	P	磷	2.013	6.159	2.136	5.804				
16	S	硫	2.307	5.374	2.464	5.032				
17	Cl	氯	2.622	4.728	2.816	4.403				
18	Ar	氩	2.957	4.193	3.190	3.887				
19	K	钾	3.313	3.742	3.590	3.453				
20	Ca	钙	3.690	3.360	4.013	3.089	0.341	36.360		
21	Sc	钪	4.089	3.032	4.460	2.780	0.395	31.389		
22	Ti	钛	4.509	2.750	4.932	2.514	0.452	27.431		
23	V	钒	4.950	2.505	5.427	2.285	0.511	24.263		
24	Cr	铬	5.412	2.291	5.947	2.085	0.573	21.638		
25	Mn	锰	5.895	2.103	6.490	1.910	0.637	19.464		
26	Fe	铁	6.399	1.937	7.058	1.757	0.705	17.587		
27	Co	钴	6.925	1.790	7.649	1.621	0.776	15.978		
28	Ni	镍	7.472	1.659	8.265	1.500	0.851	14.569		
29	Cu	铜	8.041	1.542	8.905	1.392	0.931	13.318		
30	Zn	锌	8.631	1.436	9.572	1.295	1.012	12.252		
31	Ga	镓	9.243	1.341	10.264	1.208	1.098	11.292		
32	Ge	锗	9.876	1.255	10.982	1.129	1.188	10.437		
33	As	砷	10.532	1.177	11.721	1.058	1.282	9.671		
34	Se	硒	11.209	1.106	12.495	0.992	1.379	8.991		
35	Br	溴	11.909	1.041	13.291	0.933	1.480	8.377		
36	Kr	氪	12.633	0.981	14.113	0.878	1.586	7.818		
37	Rb	铷	13.376	0.927	14.961	0.829	1.694	7.319		
38	Sr	锶	14.143	0.877	15.836	0.783	1.807	6.861		
39	Y	钇	14.934	0.830	16.738	0.741	1.923	6.448		
40	Zr	锆	15.747	0.787	17.669	0.702	2.042	6.072		
41	Nb	铌	16.584	0.748	18.621	0.666	2.166	5.724		
42	Mo	钼	17.445	0.711	19.608	0.632	2.293	5.407		
43	Tc	锝	18.329	0.676	20.619	0.601	2.424	5.115		
44	Ru	钌	19.237	0.644	21.656	0.572	2.559	4.845		
45	Rh	铑	20.169	0.615	22.724	0.546	2.697	4.597		

续表

原子序号	元素符号	名称	K_α	$\lambda_{K\alpha}$	K_β	λ_{K_β}	L_α	λ_{L_α}	M_α	λ_{M_α}
46	Pd	钯	21.028	0.590	23.819	0.521	2.839	4.367		
47	Ag	银	22.104	0.561	24.941	0.497	2.984	4.155		
48	Cd	镉	23.109	0.537	26.096	0.475	3.134	3.956		
49	In	铟	24.139	0.514	27.278	0.455	3.287	3.772		
50	Sn	锡	25.194	0.492	28.488	0.435	3.444	3.600		
51	Sb	锑	26.278	0.472	29.724	0.417	3.605	3.439		
52	Te	锑	27.381	0.453	30.941	0.401	3.769	3.290		
53	I	碘	28.514	0.435			3.938	3.148		
54	Xe	氙	29.674	0.418			4.110	3.017		
55	Cs	铯	30.856	0.402			4.286	2.893		
56	Ba	钡					4.466	2.776		
57	La	镧					4.651	2.666	0.833	14.884
58	Ce	铈					4.840	2.562	0.883	14.041
59	Pr	镨					5.034	2.463	0.929	13.346
60	Nd	钕					5.230	2.371	0.978	12.678
61	Pm	钷					5.432	2.283	1.025	12.096
62	Sm	钐					5.636	2.200	1.081	11.470
63	Eu	铕					5.846	2.121	1.131	10.963
64	Gd	钆					6.057	2.047	1.185	10.463
65	Tb	铽					6.273	1.977	1.240	9.999
66	Dy	镝					6.495	1.909	1.293	9.589
67	Ho	钬					6.720	1.845	1.348	9.198
68	Er	铒					6.948	1.784	1.406	8.818
69	Tm	铥					7.180	1.727	1.462	8.481
70	Yb	镱					7.416	1.672	1.521	8.152
71	Lu	镥					7.655	1.620	1.581	7.842
72	Hf	铪					7.899	1.570	1.645	7.537
73	Ta	钽					8.146	1.522	1.710	7.251
74	W	钨					8.397	1.477	1.775	6.985
75	Re	铼					8.652	1.433	1.842	6.731
76	Os	锇					8.912	1.391	1.914	6.478
77	Ir	铱					9.175	1.351	1.980	6.262
78	Pt	铂					9.442	1.313	2.050	6.048
79	Au	金					9.713	1.276	2.123	5.840
80	Hg	汞					9.989	1.241	2.195	5.649
81	Tl	铊					10.268	1.207	2.271	5.460
82	Pb	铅					10.551	1.175	2.345	5.287
83	Bi	铋					10.838	1.144	2.422	5.119
84	Po	钋					11.130	1.114	2.501	4.957
85	At	砹					11.427	1.085	2.580	4.806
86	Rn	氡					11.727	1.057	2.660	4.661
87	Fr	钫					12.031	1.031	2.742	4.522
88	Ra	镭					12.340	1.005	2.825	4.389
89	Ac	锕					12.652	0.980	2.910	4.261
90	Th	钍					12.969	0.956	2.996	4.138
91	Pa	镤					13.291	0.933	3.083	4.022
92	U	铀					13.615	0.911	3.171	3.910
93	Np	镎					13.944	0.889	3.259	3.804
94	Pu	钚					14.276	0.868	3.347	3.704

附录二　常见矿物物相鉴定表

序号	矿物名称 化学式	晶系	晶形	折射率 $Ng(Ne)$	 Nm	 Np (No)	显微镜下鉴定特征	粉晶X射线衍射数据 主要晶面间距 d 及相对强度 I/I_0	 PDF卡片号	产状和用途
1	萤石 CaF_2	立方	立方体 八面体 粒状	—	1.433～1.435	—	无色,负高突起,全消光,{111}解理完全,常见二组或三组解理,一般依{111}成穿插双晶	3.15_9, 1.93_x, 1.65_4, 1.25_1, 1.12_2, 1.05_1	4-0864	主要用于冶金工业和建材工业,作助熔剂或矿化剂
2	钠盐 $NaCl$	立方	立方体 粒状	—	1.5443	—	无色,全消光,{100}不完全解理	3.26_1, 2.82_x, 1.99_6, 1.63_2, 1.41_1, 1.26_1, 1.15_1	5-628	主要产于干旱的内陆盐湖中,与石膏、光卤石等共生
3	钾盐 KCl	立方	立方体和八面体聚形,通常为粒状或块状	—	1.4904	—	无色,全消光,{100}完全解理,负突起	3.15_x, 2.22_6, 1.82_2, 1.57_1, 1.41_2, 1.28_1	4-0587	产于干涸的盐湖中,用于制取各种钾的化合物
4	钾矾 K_2SO_4	斜方	等粒状 厚板状	1.4973	1.4947	1.4935	无色,{010}、{101}解理完全,负突起,正光性	4.18_3, 4.16_2, 3.74_2, 3.00_8, 2.90_x, 2.89_5, 2.42_3, 2.09_3	5-0613	产于干涸的盐湖中,与芒硝、石膏等伴生
5	氟化镁 MgF_2	四方	柱状	1.390	—	1.378	无色至白色,{010}、{110}解理完全,负突起,正光性	3.27_x, 2.55_2, 2.23_9, 2.07_4, 1.71_8, 1.64_3	6-0290	陶瓷、玻璃中的熔剂
6	氧化钡 BaO	立方	立方体 粒状	—	1.98	—	无色,正极高突起,全消光,{100}完全解理	3.20_x, 2.75_9, 1.95_8, 1.66_5, 1.59_3	1-0746	玻璃中的熔剂
7	三氧化二铬 Cr_2O_3	六方	粒状 厚板状		—	2.50	绿色,正极高突起,正光性,菱形中等解理	3.63_8, 2.67_x, 2.48_9, 2.18_4, 1.82_4, 1.67_9	6-0504	陶瓷釉料着色剂
8	铬铁矿 $FeCr_2O_4$	立方	八面体	—	2.12	—	褐色,无解理,全消光,正极高突起	4.83_5, 2.95_5, 2.51_x, 2.08_5, 1.91_8, 1.61_8, 1.49_8, 1.28_5	4-759	主要用于制造铬铁,高温耐火材料,颜料
9	赤铁矿 Fe_2O_3	三方	菱面体 厚板状	2.74～2.78	—	>2.95	血红色或黄红色,负光性,{0001}解理	3.66_3, 2.69_x, 2.51_5, 2.20_3, 1.84_4, 1.69_6, 1.48_4	13-534	水泥原料中作溶剂
10	磁铁矿 Fe_3O_4	立方	八面体 菱形十二面体	—	2.43	—	铁黑色,正极高突起,全消光,{111}裂理	4.85_1, 2.97_3, 2.53_x, 2.10_2, 1.62_3, 1.48_4	19-629	铁矿石之一,烧结矿、球团矿主要成分
11	铁 Fe	立方	立方体 八面体	—	1.73～2.36	—	深色不透明,正高突起,全消光,立方体有解理	2.03_x, 1.43_2, 1.17_3, 1.01_1, 0.91_1	6-0696	见于各种炉渣及水泥熟料中,生铁的主要成分
12	菱镁矿 $MgCO_3$	三方	粒状 菱形	1.509	—	1.700	无色或白色,负光性,{1010}解理完全	2.74_x, 2.50_2, 2.10_5, 1.94_1, 1.70_3	8-479	镁质耐火材料的主要原料

续表

序号	矿物名称 化学式	晶系	晶形	折射率 Ng(Ne)	折射率 Nm	折射率 Np (No)	显微镜下鉴定特征	粉晶X射线衍射数据 主要晶面间距 d 及相对强度 I/I_0	粉晶X射线衍射数据 PDF卡片号	产状和用途
13	方解石 $CaCO_3$	六方	等粒状 菱面体	1.4864	—	1.6584	无色,闪突起,高级白干涉色,{1010解理极完全,负光性}	3.86_1, 3.04_x, 2.50_1, 2.29_2, 2.10_2, 1.91_2	5-586	水泥主要原料
14	文石 $CaCO_3$	斜方	针状、柱状,或钟乳状、放射纤维状	1.6815～1.6974	1.6772～1.6900	1.5279～1.5346	无色,平行消光,负延性,有聚片双晶或轮式双晶,负光性	3.40_x, 3.27_5, 2.70_5, 2.48_3, 2.37_4, 2.34_3, 1.98_7	5-0453	建材工业原料
15	白云石 $CaMg(CO_3)_2$	三方	菱面体 菱形或柱状	1.502	—	1.679	无色,闪突起显著,负光性,常见两组交叉解理	2.88_x, 2.66_4, 2.19_1, 1.80_1, 1.78_1	5-0622	镁质耐火材料的原料之一
16	锆英石 $ZrSiO_4$	四方	四方柱与四方双锥聚形,柱状	1.96～2.20	—	1.92～1.96	无色或黄褐色,正极高突起,正光性,{110}不完全解理	4.43_5, 3.30_x, 2.52_4, 2.34_1, 2.07_2, 1.71_4	6-0266	陶瓷的一种原料
17	石墨 C	六方	片状 板状		—	1.98～2.03	黑色,很薄的薄片呈蓝或绿色,负光性,{0001}极完全解理	7.56_x, 4.27_5, 3.79_2, 3.06_6, 2.87_3, 2.68_3	23-64	可用作润滑剂,石墨磨具原料
18	生石膏 $CaSO_4 \cdot 2H_2O$	单斜	板状、柱状 片状、纤维状	1.529～1.530	1.522～1.526	1.520～1.521	无色,负低突起,正光性,有正、负延性,{010}极完全解理	7.56_x, 4.27_5, 3.79_2, 3.06_6, 2.87_3, 2.68_3, 2.08_1	6-46	水泥中作缓凝剂
19	硬石膏 Ⅱ-$CaSO_4$	斜方	板状、块状 纤维状	1.6163	1.5754	1.5698	无色,平行消光,正光性,正负延性,{010}完全解理	3.49_x, 2.85_4, 2.33_2, 2.21_2, 2.09_1, 1.75_2	6-226	用于建筑材料
20	熟石膏 α-$CaSO_4 \cdot 1/2H_2O$	单斜	短柱状、菱柱状 针状	1.584	1.560	1.559	无色,{100}具双晶,纤维状者平行消光,正延性	5.94_7, 3.44_5, 2.97_7, 2.77_x, 2.01_2, 1.82_4	24-1067	用于建筑材料
21	熟石膏 β-$CaSO_4 \cdot 1/2H_2O$	六方	片状 纤维状	1.586	—	1.558	无色,正光性	5.98_9, 3.45_8, 2.98_x, 2.78_x, 2.12_8, 1.89_6, 1.69_8	2-675	用于建筑材料
22	重晶石 $BaSO_4$	斜方	柱状、板状 纤维状	1.648	1.637	1.636	无色,正中突起,正延性,平行消光,正光性,{001}、{210}完全解理	4.34_4, 3.90_6, 3.44_x, 3.32_7, 3.10_x, 2.83_5, 2.12_8, 2.10_8	5-448	可用于水泥工业作矿化剂
23	无水芒硝 Na_2SO_4	斜方	短柱状 厚板状	1.481～1.484	1.476～1.477	1.469～1.471	白色或无色,正光性	4.66_7, 3.84_2, 3.18_5, 3.08_5, 2.78_x, 2.65_5	5-631	水泥混凝土的早强剂和玻璃的添加剂
24	金红石 α-TiO_2	四方	柱状 针状	2.9085	—	2.6211	棕红色或无色,正光性,{100}完全解理,依{001}成双晶	3.25_x, 2.49_4, 2.19_2, 1.69_5	4-0551	可作色料和填料
25	高岭石 $Al_2Si_2O_5(OH)_4$	三斜	假六方片状	1.566	1.565	1.561	无色或浅黄色,{001}完全解理,负光性,正低突起	7.15_x, 4.35_6, 4.17_6, 3.57_x, 2.55_7, 2.49_8, 2.33_9, 2.28_8	5-0143	陶瓷原料
26	蒙脱石	单斜	块状 极细鳞片状	1.50～1.534	1.499～1.533	1.475～1.503	无色,负突起,正延性,近平行消光,负光性	15.0_x, 5.01_6, 4.50_8, 3.02_6, 2.54_4, 1.70_3	13-135	陶瓷原料

续表

序号	矿物名称 化学式	晶系	晶形	折射率 $Ng(Ne)$	折射率 Nm	折射率 Np (No)	显微镜下鉴定特征	粉晶X射线衍射数据 主要晶面间距 d 及相对强度 I/I_0	粉晶X射线衍射数据 PDF卡片号	产状和用途
27	白云母 $KAl_2(F,OH)_2Si_3AlO_{10}$	单斜	假六方层片状	1.588	1.582	1.552	无色，正低突起，{001}极完全解理，正延性，负光性，近于平行消光	10.08_x，5.04_4，4.49_9，3.66_6，3.36_x，3.07_6	7-25	用于制作填料、涂料、颜料等
28	黑云母 $K(Mg,Fe)_3[AlSi_3O_{10}](OH,F)_2$	单斜	假六方片状	1.610～1.697	1.609～1.696	1.571～1.616	具有明显多色，正突起，正延性，平行消光，负光性，{001}极完全解理	10.1_x，3.37_x，2.66_8，2.45_8，2.18_8，2.00_8，1.67_8	2-0045	产于花岗岩、伟晶岩中
29	滑石 $Mg_3(Si_4O_{10})(OH)_2$	单斜	鳞片状 假六方片状	1.575～1.600	1.575～1.594	1.538～1.550	无色，正低突起，正延性，负光性，{001}完全解理	9.35_x，4.59_5，4.56_3，3.12_4，2.64_2，2.50_2	19-770	用于填料、涂料和陶瓷原料
30	三水铝石 $Al(OH)_3 \cdot 3H_2O$	单斜	假六方片状 板状	1.587～1.589	1.566～1.568	1.566～1.568	白色，正低突起，正光性，{001}极完全解理	4.85_x，4.37_5，4.32_3，3.31_2，2.45_3	7-324	主要产于铝土矿，可作陶瓷原料和耐火材料
31	红柱石 $Al_2O_3 \cdot SiO_2$	斜方	四方柱状	1.645～1.693	1.639～1.671	1.634～1.662	无色或黄色（Ng、Nm）或玫瑰红色（Np），平行消光，负延性，{110}完全解理	5.71_8，4.61_x，3.99_8，3.55_8，2.81_8，2.53_7，2.29_8，2.18_8，1.49_x	3-0165	硅铝耐火材料原料，加热可分解为莫来石和方石英
32	硅线石 α-Al_2SiO_5	斜方	柱状、针状 纤维状	1.677～1.684	1.658～1.670	1.665～1.661	无色或浅色，正高突起，正延性，平行消光，正光性，{010}完全解理	5.35_7，3.41_9，3.36_x，2.88_7，2.67_8，2.53_9，2.20_x，1.52_9	10-369	见于高铝耐火材料原料和天然耐火材料
33	蓝晶石 γ-Al_2SiO_5	三斜	板状	1.7285	1.7219	1.7131	无色或浅色，厚薄片具有多色性，Np 无色，Ng、Nm 蓝色，正高突起，{100}解理完全	3.38_6，3.20_8，2.61_4，2.52_4，1.96_4，1.93_8，1.38_x，1.34_8	3-1164	硅铝耐火材料原料
34	硅酸三钙 $3CaO \cdot SiO_2$	六方	假六方片状或板状、柱状	1.723	—	1.718	无色，正高突起，一级灰干涉色，近于平行消光，正延性	3.02_8，2.76_x，2.74_9，2.59_9，2.18_9，1.93_6，1.76_9，1.62_8	11-593	硅酸盐水泥熟料主要矿物
35	阿利特 $54CaO \cdot 16SiO_2 \cdot Al_2O_3 \cdot MgO$	单斜	六方板状 柱状	1.723		1.718	无色，正高突起，一级灰干涉色，近于平行消光，正延性	3.04_5，2.78_x，2.74_6，2.61_8，2.18_4，1.76_4	13-272	水泥熟料主要矿物
36	β 硅酸二钙 β-$2CaO \cdot SiO_2$	单斜	圆粒状	1.730	1.715	1.707	白色或棕色，正高突起，有解理，正光性	2.88_4，2.79_x，2.74_9，2.73_4，2.61_7，2.28_4，2.19_7	9-351	硅酸盐水泥熟料主要矿物
37	铝酸三钙 $3CaO \cdot Al_2O_3$	立方	立方体、八面体十二面体或颗粒状	—	1.710	—	无色，正高突起，全消光	4.24_1，2.79_1，2.70_x，1.91_4，1.56_3	8-5	见于高铝水泥熟料、硅酸盐水泥熟料中
38	三铝酸五钙 $5CaO \cdot 3Al_2O_3$	立方		—	1.608	—	无色，正中突起，全消光，无解理	3.37_5，3.15_4，2.93_x，2.89_9，2.47_6，2.34_6，2.09_4，1.97_4	11-357	见于水泥熟料中

续表

序号	矿物名称 化学式	晶系	晶形	折射率			显微镜下鉴定特征	粉晶X射线衍射数据		产状和用途
				Ng(Ne)	Nm	Np (No)		主要晶面间距 d 及相对强度 I/I_0	PDF卡片号	
39	铝酸一钙 $CaO \cdot Al_2O_3$	单斜	粒状、板状 棱柱状	1.663	1.655	1.643	无色或浅褐色，正突起，平行消光，负延性，平行于柱面有解理	4.67_3，3.71_2，2.97_x，2.53_3，2.52_4	23-1036	见于高铝水泥熟料
40	七铝酸十二钙 $12CaO \cdot 7Al_2O_3$	立方	圆形粒状	—	1.608	—	无色，有时绿色，正中突起，全消光，无解理	4.89_9，3.00_5，2.68_x，2.45_5，2.20_4	9-413	见于高铝水泥熟料
41	铁铝酸四钙 $4CaO \cdot Al_2O_3 \cdot Fe_2O_3$	斜方	板片状 圆粒状	2.04	2.01	1.96	黑棕色、红色，正极高突起，平行消光，负光性，在水泥熟料中形态不规则	7.24_5，2.77_8，2.67_7，2.63_x，2.04_4，1.92_6，1.81_4	11-124	水泥熟料物相之一
42	无水硫铝酸钙 $4CaO \cdot 3Al_2O_3 \cdot SO_3$	立方	细粒状 六角板状	—	1.568	—	无色，全消光	3.76_x，2.65_3，2.17_2，3.25_1，2.91_1	16-335	水泥熟料矿物
43	石灰 CaO	立方	立方体、八面体 圆粒状	—	1.837	—	无色，正高突起，全消光	2.78_3，2.41_x，1.70_5，1.45_1，1.08_1	4-0777	见于水泥熟料和烧结矿中
44	方镁石 MgO	立方	立方体、八面体 多边形	—	1.7366	—	无色、白灰色或黄色，正高突起，全消光	2.43_1，2.11_x，1.49_5，1.22_1，0.94_2	4-0829	见于镁质耐火材料、冶金镁砂、电熔镁石及碱性矿渣中
45	尖晶石 $MgO \cdot Al_2O_3$	立方	八面体、粒状	—	1.719	—	无色或绿色、浅红色，正突起，全消光	2.86_4，2.44_x，2.02_6，1.56_5，1.43_6	5-0672	见于镁铝砖、玻璃结石，含镁、铝较高的矿渣中
46	钙铝榴石 $3CaO \cdot Al_2O_3 \cdot 3SiO_2$	立方	菱形十二面体 多边形切面	—	1.735	—	无色，无解理，正高突起，全消光	2.96_8，2.65_x，2.44_6，2.16_6 1.92_7 1.71_6 1.65_8 1.58_9	3-0826	见于碱性炉渣腐蚀的高铝砖
47	钙铁榴石 $Ca_3Fe_2Si_3O_{12}$	立方	菱形十二面体 多边形切面	—	1.895	—	棕红至黑色，无解理，正极高突起，均质体	3.02_6，2.70_x，2.46_5，2.37_2，1.96_3，1.61_6	10-288	见于炉渣、自熔性烧结矿
48	镁铬尖晶石 $MgCr_2O_4$	立方	八面体	—	1.90	—	浅灰绿色，正极高突起，均质体	4.76_2，2.92_2，2.49_x，2.07_5，1.59_6，1.47_7，1.08_5	9-353	产于基性、超基性岩中，可用作耐火材料
49	钙钛矿 $CaO \cdot TiO_2$	斜方	八面体、假立方体 纺锤状、树枝状		2.38		无色，棕色、黄色，正极高突起	3.82_6，3.41_4，2.72_8，2.70_x，2.69_8，1.91_x，1.56_x，1.55_x	9-365	见于高炉钛渣中
50	高温方石英 β-SiO_2	立方	八面体、立方体 骸晶	—	1.486	—	无色，负高突起，全消光	4.15_x，2.53_8，2.07_3，1.64_6，1.46_5，1.38_2	4-379	不稳定，易变为低温方石英
51	低温方石英 α-SiO_2	四方	八面体 呈β-方石英假象	1.484	—	1.487	无色透明，负突起，无解理，一级暗灰干涉色，常见聚片八面体双晶	4.04_x，3.14_1，2.85_1，2.49_2，2.47_1	4-379	硅砖的主要成分，也见于玻璃结石或炉渣中

续表

序号	矿物名称 化学式	晶系	晶形	折射率 $Ng(Ne)$	折射率 Nm	折射率 Np (No)	显微镜下鉴定特征	粉晶X射线衍射数据 主要晶面间距 d 及相对强度 I/I_0	粉晶X射线衍射数据 PDF卡片号	产状和用途
52	β-石英 SiO_2	六方	六方双锥状	1.5405	—	1.5329	无色，几乎无突起或负低突起，最高干涉色一级灰，正光性	4.32_4，3.38_x，2.17_2，1.84_6，1.57_3，1.39_4	12-708	573～575℃以上稳定
53	α-石英 SiO_2	三方	短柱状	1.553	—	1.544	无色，正低突起，最高干涉色一级黄白，平行消光，正延性，无解理	4.26_4，3.34_x，2.46_1，2.28_1，1.82_2，1.37_2	5-490	见于陶瓷、玻璃结石中
54	刚玉 α-Al_2O_3	六方	六方偏三角面体 板状	1.7604	—	1.7686	无色、蓝色或红色，正高突起，一级灰白干涉色，平行消光，负光性	3.48_8，2.55_9，2.38_4，2.09_x，1.74_5，1.60_8，1.40_3，1.37_5	10-173	富铝质陶瓷及耐火材料中可见，也见于电熔刚玉砖、高铝渣中
55	α碳化硅 α-SiC	六方	薄板状	2.689～2.693	—	2.647～2.649	无色或蓝色、绿色、黑色、红色，正极高突起，最高三级蓝干涉色	2.635，2.53_3，2.51_x，2.48_2，2.36_4，1.55_5，1.54_5	4-756	可作磨料和耐火材料
56	β碳化硅 β-SiC	六方	微粒状	—	2.63	—	黄或黑绿色，正极高突起，全消光	2.51_x，2.17_2，1.54_6，1.31_5，1.00_2，0.89_1	1-1119	见于磨料、硅碳棒
57	碳化钛 TiC	六方	立方体 细小颗粒状				不透明，均质体	2.50_8，2.16_x，1.53_6，1.30_3，1.25_2，0.97_3	32-1383	见于钒钛磁铁矿炉渣或金属陶瓷中
58	碳化硼 B_4C	六方	等轴状				黑色不透明，高突起，高折光率	4.49_3，4.02_4，3.79_7，2.81_3，2.57_8，2.38_x，1.71_3	6-555	可作磨料
59	氮化硼 BN	立方	立方体	—	2.117	—	黑色、琥珀色、棕色，正极高突起，全消光	2.09_x，1.81_1，1.18_1，1.09_1	25-1033	是超级磨料，用于制作磨具和刀具
60	氮化硼 BN	六方	片状	1.74	—	～1.47	白色	3.33_x，2.17_2，2.06_1，1.82_1，1.25_1	9-12	用于耐高温润滑剂和高温涂料
61	正长石 $KAlSi_3O_8$	单斜	短柱状 厚板状	1.522～1.525	1.522～1.524	1.518～1.520	无色，负低突起，表面浑浊，最高干涉色为灰到灰白色，负光性，具卡氏双晶	4.22_7，3.77_8，3.47_5，3.31_x，3.29_6，3.24_7，2.99_5，2.90_3，2.57_3	31-966	见于硅砖、黏土砖及硅铝质陶瓷中
62	微斜长石 $KAlSi_3O_8$	三斜	短柱状 长条状、板状	1.525	1.522	1.518	无色，负低突起，最高干涉色一级灰白，负光性，常见格子双晶	4.22_5，3.80_2，3.48_2，3.29_5，3.24_x，2.97_1，2.90_1	19-932	见于酸性岩及使用后的高铝砖及黏土砖
63	钠长石 $NaAlSi_3O_8$	三斜	板条状	1.5379～1.545	1.5314～1.540	1.5274～1.535	无色，最高干涉色一级黄白，斜消光，正光性	6.39_2，4.03_2，3.78_3，3.68_2，3.20_x，2.93_2	9-466	

续表

序号	矿物名称 化学式	晶系	晶形	折射率			显微镜下鉴定特征	粉晶X射线衍射数据		产状和用途
				$Ng(Ne)$	Nm	Np (No)		主要晶面间距 d 及相对强度 I/I_0	PDF卡片号	
64	钙长石 $CaAl_2Si_2O_8$	三斜	板柱状 长条状	1.5885～ 1.5903	1.5832～ 1.5846	1.5755～ 1.5768	无色透明，正低突起，最高干涉色一级黄，聚片双晶，负光性，负延性	3.62_3，3.36_3，3.26_5，3.19_x，3.18_9，3.12_4，2.95_3	20-20	主要见于瓷砖及部分酸性高炉渣及高炉热风炉腐蚀带
65	镁黄长石 $Ca_2MgSi_2O_7$	四方	短柱状、板状 树枝状	1.639	—	1.632	无色正突起，干涉色一级灰，平行消光，负延性，正光性	3.72_5，3.09_7，2.87_x，2.48_7，2.39_6，2.04_7，1.96_6，1.76_8	4-681	见于碱度低的高炉渣中($CaO/SiO_2<1.2$)
66	铝黄长石 $Ca_2Al_2SiO_7$	四方	长方、正方状 短柱状、板状	1.658	—	1.669	无色，正中突起，一级黄干涉色，平行消光，负光性	3.67_2，3.07_3，2.85_x，2.44_2，2.40_3，1.75_4	9-216	见于碱度高的高炉渣中($CaO/SiO_2>1.2$)
67	堇青石 $Mg_2Al_3[AlSi_5O_{18}]$	斜方	柱状	1.53～ 1.57	1.525～ 1.526	1.52～ 1.55	无色，突起可正可负但不明显，最高一级黄干涉色	8.58_x，4.11_8，3.38_9，3.18_8，3.04_9，2.65_6，1.88_5，1.69_7	9-472	见于耐火材料及玻璃、陶瓷中
68	硅灰石 γ-$CaO\cdot SiO_2$	三斜	板状、针状 纤维状	1.634	1.632	1.620	无色，可见平行延长方向的解理，最高一级黄干涉色，平行消光，负光性	7.70_4，3.83_8，3.52_8，3.31_8，2.97_x，2.47_6，2.18_6	10-487	可作陶瓷原料
69	莫来石 $3Al_2O_3\cdot 2SiO_2$	斜方	柱状 针状	1.652～ 1.654	1.641～ 1.644	1.637～ 1.642	无色，含铁或钛者粉红色，最高一级黄干涉色，平行消光，正延性	5.39_5，3.43_9，3.39_x，2.69_4，2.54_5，2.21_6，2.12_3，1.52_3	15-776	见于黏土砖、刚玉砖、电熔莫来石砖或玻璃结石中
70	镁橄榄石 Mg_2SiO_4	斜方	长短不等的柱状	1.679	1.660	1.645	无色，正高突起，最高干涉色二级红，平行消光，延性可正可负，正光性	5.10_5，3.88_7，2.77_6，2.51_7，2.46_x，2.27_4，2.25_3	7-74	见于硅镁质耐火材料
71	透辉石 $CaMgSi_2O_6$	单斜	短柱状	1.6946	1.6720	1.6658	无色，正高突起，二级黄绿最高干涉色，对称消光，可见简单双晶或聚片双晶	3.23_3，2.99_x，2.95_3，2.89_3，2.27_2，2.53_4，2.52_3	11-654	见于酸性高炉渣、玻璃结石
72	顽火辉石 $MgSiO_3$	斜方	短柱状	1.658	1.653	1.650	无色，正突起，一级干涉色，横切面对称消光，纵切面平行消光，正延性，正光性	3.30_4，3.17_x，2.94_5，2.87_9，2.71_3，2.53_5，2.49_5	7-216	见于镁质耐火材料

续表

序号	矿物名称 化学式	晶系	晶形	折射率			显微镜下鉴定特征	粉晶X射线衍射数据		产状和用途
				$Ng(Ne)$	Nm	Np (No)		主要晶面间距 d 及相对强度 I/I_0	PDF卡片号	
73	斜锆石 ZrO_2	单斜	粒状、柱状板状	2.20	2.19	2.13	无色及棕色,正极高突起,高级白干涉色,负延性,负光性	3.69_2, 3.16_x, 2.83_7, 2.62_2, 2.54_1, 2.21_1	13-307	见于锆刚玉砖,可作低膨胀陶瓷坯体的成分
74	羟钙石 $Ca(OH)_2$	六方	六角形 板状、片状	1.545	—	1.574	无色,正低突起,{0001}完全解理,负光性	4.90_7, 3.11_2, 2.63_x, 1.93_4, 1.80_4, 1.69_2	4-733	水泥水化产物
75	水镁石 $Mg(OH)_2$	六方	厚板状	1.5853～1.580	—	1.5662～1.559	无色,正突起,具红褐异常干涉色,{0001}完全解理,正光性	4.77_9, 2.37_x, 1.79_6, 1.57_4, 1.49_2, 1.37_1	7-239	见于镁质胶凝材料混凝土制品中
76	湼硅钙石 $3CaO \cdot 6SiO_2 \cdot 8H_2O$	三斜	纤维状		平均 1.535		无色透明,正光性	9.10_x, 6.64_7, 3.38_6, 3.32_9, 3.30_6, 2.83_5, 2.80_5, 2.77_5, 1.83_7	31-303	水泥水化产物
77	硬硅钙石 $6CaO \cdot 6SiO_2 \cdot H_2O$	单斜	纤维状 针状	1.595	1.583	1.582		6.98_4, 3.63_3, 3.24_5, 3.08_x, 2.82_5, 2.70_3, 2.51_2	23-125	见于压蒸硅酸盐混凝土制品
78	斜硅钙石 $4CaO \cdot 3SiO_2 \cdot H_2O$	单斜	纤维状	1.605	1.603	1.597		21.0_1, 11.0_1, 4.21_3, 3.10_x, 2.80_5, 1.83_7	29-377	水泥水化产物
79	硅酸钙石 $3CaO \cdot 2SiO_2 \cdot 3H_2O$	单斜	棱柱状	1.634	1.620	1.617				水泥水化产物
80	罗森汉石 $3CaO \cdot 3SiO_2 \cdot H_2O$	三斜	板状	1.646	1.640	1.625	无色透明,正突起,负光性	3.43_3, 3.36_3, 3.20_7, 3.04_6, 2.97_x, 2.77_4, 2.66_3	29-378	水泥水化产物
81	水化硅酸钙 $C_2SH(A)$	斜方	菱柱薄片状 板状、柱状	1.633～1.635	1.620～1.621	1.614	无色透明,正突起,平行消光,正延性,正光性	4.22_9, 3.90_8, 3.54_8, 3.27_x, 2.87_8, 2.80_8, 2.60_8, 1.79_8	9-325	见于压蒸硅酸盐混凝土制品
82	水化硅酸钙 $C_2SH(B)$	单斜	针状或纤维状集合体	1.612	1.610	1.605	瓷白或浅绿色,正延性	4.76_9, 3.33_9, 3.02_8, 2.92_x, 2.82_8, 2.76_8, 2.37_8	9-51	见于压蒸硅酸盐混凝土制品
83	水化硅酸钙 $C_2SH(C)$		不规则细粒状		1.620～1.640			3.04_x, 2.84_5, 2.70_8, 2.47_6, 1.90_8, 1.80_6, 1.66_6, 1.26_6	3-594	见于压蒸硅酸盐混凝土制品
84	水化硅酸钙 $C_2SH(D)$			1.664		1.650		4.84_4, 4.27_6, 3.39_4, 3.06_8, 2.94_x, 1.97_6, 1.88_6	3-649	水泥水化产物

续表

序号	矿物名称 化学式	晶系	晶形	折射率			显微镜下鉴定特征	粉晶X射线衍射数据		产状和用途
				$Ng(Ne)$	Nm	Np (No)		主要晶面间距 d 及相对强度 I/I_0	PDF卡片号	
85	水化硅酸钙 $2CaO \cdot SiO_2 \cdot (2\sim4)H_2O$							9.80_9, 3.07_x, 2.85_5, 2.80_9, 2.40_4, 2.00_6, 1.83_9	11-211	水泥水化产物
86	水硅钙石 $CaO \cdot 2SiO_2 \cdot 2H_2O$	三斜	纤维状 细鳞片状		1.536～1.533		白色或浅色,负低突起,平行消光,正延性,负光性	21_x, 10.3_2, 8.8_8, 3.56_8, 3.07_6, 2.98_5, 2.93_8	9-469	水泥水化产物
87	鲁斯托姆石 $4CaO \cdot 2SiO_2 \cdot H_2O$	单斜	板状	1.651	1.640			4.32_1, 3.95_x, 3.10_8, 2.77_8, 2.34_1, 2.26_1, 1.88_5	15-642	水泥水化产物
88	莱特石 $6CaO \cdot 3SiO_2 \cdot H_2O$	三斜	板状 棱柱状	1.664	1.661	1.650	无色,负延性,消光角15°	3.06_5, 2.98_4, 2.86_5, 2.82_x, 2.81_7, 2.73_4, 2.63_4, 2.55_8		水泥水化产物
89	水化硅酸钙 C—S—H(Ⅰ)0.8～1.5 $CaO \cdot SiO_2 \cdot H_2O$		扭曲薄片状 板条状		1.494～1.535			3.04_x, 2.80_2, 1.825_3		水泥水化产物
90	水化硅酸钙 C—S—H(Ⅱ) $1.5\sim2CaO \cdot SiO_2 \cdot H_2O$		刺状、针状 纤维等放射状					3.01_x, 2.23_8, 1.89_8		水泥水化产物
91	水化铝酸钙 CAH_{10}	六方	片状 针状		1.48		无色透明,负延性	14.2_9, 7.16_x, 4.73_1, 3.56_1, 2.56_1	12-408	水泥水化产物
92	水化铝酸钙 $CAH_{8.5}$	四方		1.571		1.600		5.66_9, 3.57_9, 2.59_x, 2.52_5, 2.35_5, 2.13_5, 1.79_7	29-281	水泥水化产物
93	水化铝酸钙 C_2AH_6							8.80_x, 4.80_2, 4.36_7, 2.86_2, 2.47_2, 2.32_1	12-8	水泥水化产物
94	水化铝酸钙 C_2AH_8	六方	六角片状或 球粒状、针状	1.502～1.519		1.522～1.519	无色透明,负光性	10.7_x, 5.36_8, 3.58_6, 2.86_7, 2.68_6, 2.54_7, 2.39_6, 1.67_6	11-205	水泥水化产物
95	水化铝酸钙 C_3AH_6	立方			1.604		无色透明,均质体	5.13_9, 4.44_4, 3.36_5, 3.14_5, 2.81_8, 2.30_x, 2.04_9, 1.74_4	24-217	水泥水化产物
96	水化铝酸钙 $C_3AH_{8\sim12}$	六方	六方板状	1.524～1.505		1.539～1.527	无色透明,一轴晶负光性	7.65_x, 3.77_9, 3.02_4, 2.86_7, 2.70_4, 2.46_6, 2.31_6, 2.10_5	2-83	水泥水化产物
97	水化铝酸钙 $C_4A_3H_3$	斜方						3.61_x, 3.28_5, 2.85_4, 2.83_5, 2.81_7, 2.23_3	24-178	水泥水化产物
98	水化铝酸钙 C_3AH_6	六方	板状 片状	1.520		1.535～1.539		7.92_x, 3.99_8, 2.87_6, 2.70_4, 2.46_6, 2.24_4	16-339	水泥水化产物

附录三　干涉色色谱表

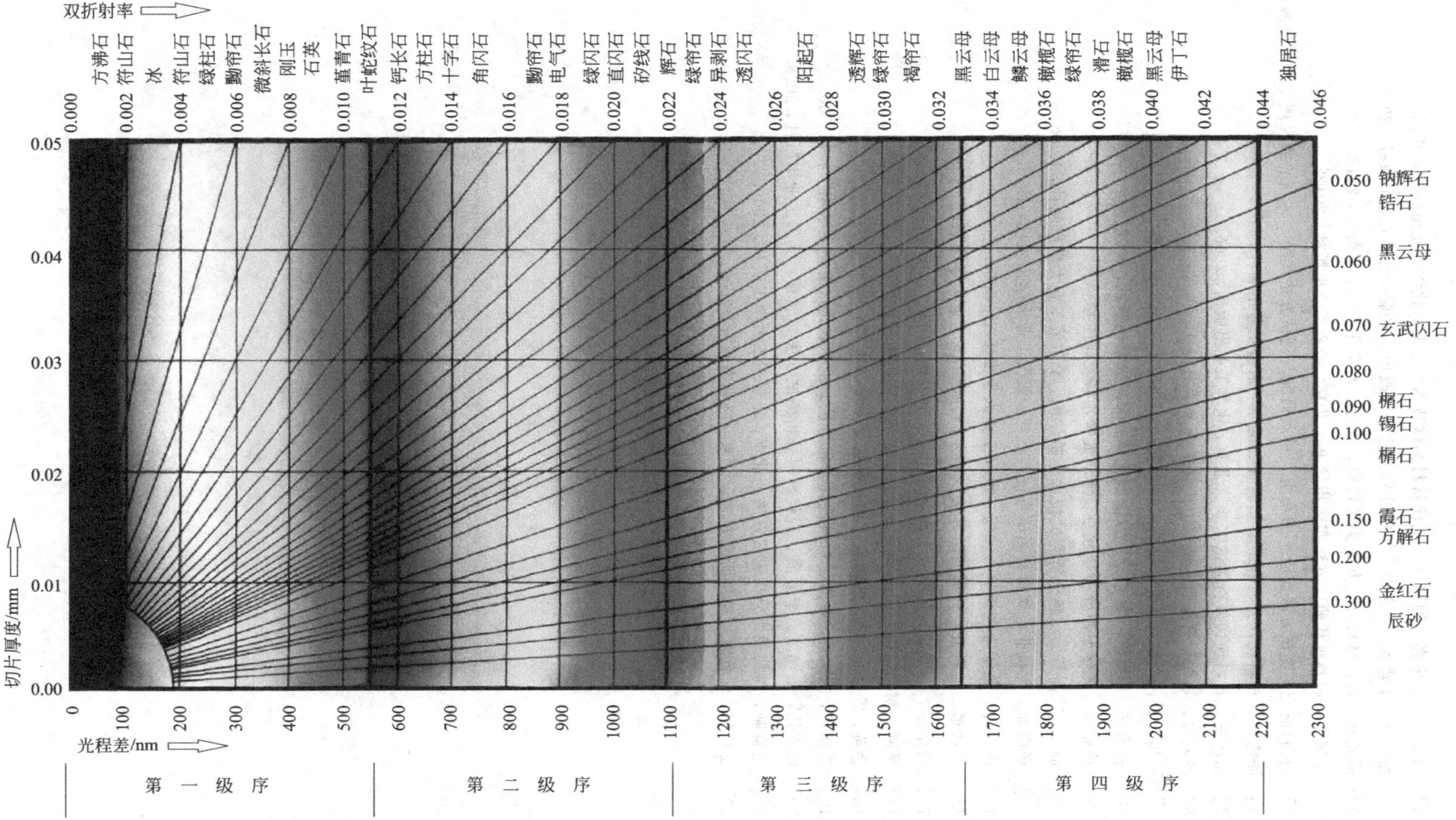
双折射率
方沸石
符山石
冰
符山石
绿柱石
黝帘石
微斜长石
刚玉
石英
堇青石
叶蛇纹石
钙长石
方柱石
十字石
角闪石
黝帘石
电气石
绿闪石
直闪石
矽线石
辉石
绿帘石
异剥石
透闪石
阳起石
透辉石
绿帘石
褐帘石
黑云母
白云母
鳞云母
橄榄石
绿帘石
滑石
橄榄石
黑云母
伊丁石
独居石
0.000 0.002 0.004 0.006 0.008 0.010 0.012 0.014 0.016 0.018 0.020 0.022 0.024 0.026 0.028 0.030 0.032 0.034 0.036 0.038 0.040 0.042 0.044 0.046
0.050 钠辉石
锆石
0.060 黑云母
0.070 玄武闪石
0.080
0.090 榍石
0.100 锡石
榍石
0.150 霞石
方解石
0.200
0.300 金红石
辰砂
切片厚度/mm
0.00 0.01 0.02 0.03 0.04 0.05
0 100 200 300 400 500 600 700 800 900 1000 1100 1200 1300 1400 1500 1600 1700 1800 1900 2000 2100 2200 2300
光程差/nm
第一级序
第二级序
第三级序
第四级序

参考文献

[1] 陶文宏，杨中喜，师瑞霞．现代材料测试技术．北京：化学工业出版社，2013.

[2] 路文江，张建斌，王文焱．材料分析方法实验教程．北京：化学工业出版社，2013.

[3] 邹龙江．近代材料分析方法实验教程．大连：大连理工大学出版社，2012.

[4] 祖国胤．材料现代研究方法实验指导书．北京：冶金工业出版社，2012.

[5] 《材料研究与测试方法实验》编写组．材料研究与测试方法实验．武汉：武汉理工大学出版社，2011.

[6] 潘清林．材料现代分析测试实验教程．北京：冶金工业出版社，2011.

[7] 张庆军．材料现代分析测试实验．北京：化学工业出版社，2006.

[8] 杨淑珍．物相分析实验．武汉：武汉工业大学出版社，1994.

[9] 汪相．晶体光学．南京：南京大学出版社，2003.

[10] 杜希文，原续波．材料分析方法．天津：天津大学出版社，2006.

[11] 孙业英．光学显微分析．北京：清华大学出版社，1997.

[12] 周玉，武高辉．材料分析测试技术．哈尔滨：哈尔滨工业大学出版社，1998.

[13] 杨南如．无机非金属材料测试方法．武汉：武汉工业大学出版社，1993.

[14] 邵国有．硅酸盐岩相学．武汉：武汉工业大学出版社，2006.

[15] 常铁军．材料近代分析测试方法．哈尔滨：哈尔滨工业大学出版社，1999.

[16] 冯铭芬．硅酸盐岩相学．上海：同济大学出版社，1985.

[17] 吴刚．材料结构表征及应用．北京：化学工业出版社，2002.

[18] 舍英，伊力奇，呼和巴特尔．现代光学显微镜．北京：科学出版社，1997.

[19] 左演声，陈文哲，梁伟．材料现代分析方法．北京：北京工业大学出版社，2000.

[20] 郭立伟，戴鸿滨、李爱滨．现代材料分析测试方法．北京：兵器工业出版社，2008.

[21] 王富耻．材料现代分析测试方法．北京：北京理工大学出版社，2009.

[22] 王培铭，许乾慰．材料研究方法．北京：科学出版社，2005.